土坝病害原因分析与安全评价

程素珍　许尚杰　黄继文　等著

黄河水利出版社

·郑州·

内 容 提 要

本书以盲数理论为主要理论依据,研究人们还未引起高度重视的不确定性在大坝耐久性评价中的处理和度量方式,以实现两个目的:第一,对土坝病害现状进行调查,了解土坝病害产生的原因、土坝的病害特征及规律性;第二,建立通用的土坝质量评价模型,对土坝质量从耐久性角度进行评价,评价工程的现状、确定工程的可继续使用的可能性。本书共分两部分,主要内容包括:土坝工程中的不确定性及盲数理论、溃坝原因分析及土坝病害调查、基于层次分析法的土坝耐久性评价方法、土坝主要评价指标的建立、以墙奓水库东坝和八河水库为实例进行安全评价方法的应用等。

本书可供从事水库安全鉴定、土坝安全评价、水库工程管理的工程技术人员以及相关领域的研究人员参考使用。

图书在版编目(CIP)数据

土坝病害原因分析与安全评价 / 程素珍等著.
郑州 : 黄河水利出版社, 2024. 9. -- ISBN 978-7-5509-
4010-9

Ⅰ. TV641. 2

中国国家版本馆 CIP 数据核字第 2024TA0900 号

出版顾问:王路平　电话:13623813888　E-mail:hhslwlp@ 163. com
组稿编辑:田丽萍　　0371-66025553　　912810592@ qq. com

责任编辑	鲁　宁	责任校对	王单飞
封面设计	李思璇	责任监制	常红昕

出版发行　黄河水利出版社
　　　　　地址:河南省郑州市顺河路 49 号　邮政编码:450003
　　　　　网址:www. yrcp. com　E-mail:hhslcbs@ 126. com
　　　　　发行部电话:0371-66020550、66028024
承印单位　河南新华印刷集团有限公司
开　　本　787 mm×1 092 mm　1/16
印　　张　9
字　　数　220 千字
版次印次　2024 年 9 月第 1 版　　　　　2024 年 9 月第 1 次印刷
定　　价　80. 00 元

前　言

我国自1998年开始实行大坝安全鉴定。在对水库大坝安全评价中,对大坝质量和耐久性缺少必要的评判标准和评判方法,在工作中就需要一个系统的评价方法。建立一个以量化指标为主,结合专家经验判断,寻求适合我国国情的土坝运行期的安全评价方法和评价标准,以求更科学、更合理、更公正地对大坝安全进行评判,做到统一标准,便于操作,具有较大的使用价值和现实意义。因此,作者自选课题,对土坝的耐久性评价方法进行研究。为便于给同类项目提供参考依据,本书分两部分:第一部分为土坝的病害原因理论分析与安全评价,第二部分为大坝安全评价工作实例。

本书论述了土坝工程的普遍性和特殊性,详述了影响土坝安全的不确定性及其分类,就现有处理不确定性的各种数学方法进行比较,根据各种方法的特点及其应用条件,结合土坝的工程特点,引进适合土坝安全评价的数学方法——盲数理论,然后对盲数理论的发展现状、工程应用情况和基本原理进行详细阐述。作者通过收集国内外溃坝数据,总结溃坝规律和溃坝原因,提出减少溃坝的管理方法。根据我国土坝的建设过程、建设背景,找出病险水库众多的历史原因、病险水库形成的规律,并以山东省土坝为基础对当前土坝的病害类型、安全状态进行调查,为建立适合土坝特点安全耐久性评价体系提供基础资料。论述以土坝的耐久性为评价标准的评价方法的可行性,确定方法的理论体系、评价依据,建立老化系数与耐久性的关系,确立土坝评价指标体系和指标的评价方法,并以山东省土坝为评价模式,论述权重的确定方法,建立土坝各分区的权重指标,并把该评价方法与工程案例相结合,验证该方法的可行性。

本书由程素珍、许尚杰、黄继文等著,参加本书撰写工作的还有刘莉莉、巩向锋、王光辉、郝晓辉、吴香菊、郭磊、张立华、闫兴凤、魏联春、杜滨、杨萌、王飞、李浩、杨大伟、王锐、何文龙、崔春梅、崔亚男、程可钦、温凤欣、张玉燕、王福成、冯爱民、孙亚飞等,许多同志参加了本书的调研和实践工作。

本书在撰写过程中得到了山东省水利科学研究院、诸城市墙夼水库运营维护中心、荣成市八河水库综合服务中心以及相关管理单位的大力支持和帮助。另外,本书在撰写过程中还引用了大量的参考文献。在此,谨向为本书的完成提供支持和帮助的单位、所有研究人员和参考文献的作者表示衷心的感谢!

由于作者水平有限,书中不妥之处在所难免,敬请读者朋友批评指正。

作　者
2024年6月

目 录

前 言

第一部分 土坝的病害原因理论分析与安全评价

1 绪 论 …………………………………………………………………… (1)
  1.1 选题背景 ……………………………………………………………… (1)
  1.2 溃坝异常原因分析及安全评价的特殊性 ………………………… (2)
  1.3 土坝耐久性评价发展现状 ………………………………………… (4)
2 土坝工程中的不确定性及盲数理论 ……………………………………… (6)
  2.1 工程中的不确定性分类及其特点 ………………………………… (6)
  2.2 土坝不确定性的计算和评价方法 ………………………………… (8)
  2.3 盲信息和盲数理论 ………………………………………………… (9)
  2.4 小 结 ……………………………………………………………… (12)
3 溃坝原因分析及土坝病害调查 …………………………………………… (13)
  3.1 土坝发展概述 ……………………………………………………… (13)
  3.2 溃坝原因分析 ……………………………………………………… (15)
  3.3 山东省水库溃坝情况 ……………………………………………… (20)
  3.4 土坝的病害现状调查分析 ………………………………………… (20)
  3.5 小 结 ……………………………………………………………… (25)
4 基于层次分析法的土坝耐久性评价方法 ……………………………… (26)
  4.1 现有的评价方法及特点 …………………………………………… (26)
  4.2 土坝耐久性的表示方法 …………………………………………… (27)
  4.3 评价模型的建立及评价原则 ……………………………………… (28)
  4.4 综合评价指标体系的建立 ………………………………………… (31)
  4.5 指标隶属度的确定 ………………………………………………… (40)
  4.6 耐久性评价值的确定 ……………………………………………… (41)
  4.7 小 结 ……………………………………………………………… (41)
5 土坝主要评价指标的建立 ………………………………………………… (42)
  5.1 评价指标建立的原则 ……………………………………………… (42)
  5.2 评价指标体系的建立 ……………………………………………… (42)
  5.3 小 结 ……………………………………………………………… (52)
6 层次分析法评价工程实例 ………………………………………………… (53)
  6.1 工程概况 …………………………………………………………… (53)
  6.2 东坝结构体老化指标检测评价 …………………………………… (53)

　　6.3　综合评价 ……………………………………………………（62）
　　6.4　小　结 ………………………………………………………（62）
7　结　论 ……………………………………………………………（63）
8　创新点与展望 ……………………………………………………（65）
　　8.1　创新点 ………………………………………………………（65）
　　8.2　展　望 ………………………………………………………（65）

第二部分　大坝安全评价工作实例

1　引　言 ……………………………………………………………（66）
2　工程概况 …………………………………………………………（67）
3　工程地质 …………………………………………………………（70）
　　3.1　水库病害调查 ………………………………………………（70）
　　3.2　库区地质概况 ………………………………………………（71）
　　3.3　主坝坝体质量评价 …………………………………………（73）
　　3.4　副坝坝体质量评价 …………………………………………（76）
　　3.5　大坝工程地质条件及评价 …………………………………（78）
　　3.6　溢洪道（闸）工程地质条件 ………………………………（79）
4　水文和洪水复核 …………………………………………………（81）
　　4.1　基本概况 ……………………………………………………（81）
　　4.2　历次设计洪水计算成果 ……………………………………（84）
　　4.3　由暴雨资料推求设计洪水 …………………………………（85）
　　4.4　设计洪水计算成果的合理性分析 …………………………（86）
5　运行管理评价 ……………………………………………………（87）
　　5.1　管理机构和管理制度 ………………………………………（87）
　　5.2　管理设施 ……………………………………………………（87）
　　5.3　工程现状 ……………………………………………………（87）
　　5.4　工程安全监测与巡视检查 …………………………………（87）
　　5.5　大坝建设与运行情况 ………………………………………（89）
　　5.6　运行管理综合评价 …………………………………………（91）
6　现场检查与工程质量评价 ………………………………………（92）
　　6.1　现场检查 ……………………………………………………（92）
　　6.2　大坝工程质量检测 …………………………………………（94）
　　6.3　溢洪道（闸）工程质量检测 ………………………………（103）
　　6.4　八河水库工程质量综合评价 ………………………………（108）
7　大坝安全分析与评价 ……………………………………………（109）
　　7.1　观测资料分析 ………………………………………………（109）
　　7.2　变形监测资料分析 …………………………………………（110）
　　7.3　大坝渗流分析 ………………………………………………（112）

　　7.4　大坝边坡稳定分析 ……………………………………………（116）
　　7.5　土工布防渗体的稳定分析 ………………………………………（121）
　　7.6　大坝渗流稳定安全评估 …………………………………………（121）
8　溢洪道安全分析与评价 ………………………………………………（122）
　　8.1　溢洪道过流能力复核 ……………………………………………（122）
　　8.2　闸基渗透稳定计算 ………………………………………………（125）
　　8.3　过流能力及闸基抗渗稳定复核结论 ……………………………（126）
　　8.4　溢洪道抗冲能力复核 ……………………………………………（126）
　　8.5　溢洪闸稳定分析 …………………………………………………（127）
　　8.6　水闸结构安全复核 ………………………………………………（130）
　　8.7　溢洪闸稳定复核结论 ……………………………………………（132）
9　大坝安全鉴定结论 ……………………………………………………（133）
参考文献 …………………………………………………………………（136）

第一部分　土坝的病害原因理论分析与安全评价

1　绪　论

　　水库大坝是用于拦截水流、抬高水位、调蓄水量的水工建筑物,包括永久性挡水建筑物,以及与大坝安全有关的泄水、输水和过船建筑物及金属结构,它是重要的水利基础设施,在水资源管理、防洪减灾中发挥着至关重要的作用。随着我国经济发展对水资源需求的增大,其作用也将愈发明显。水库大坝在发挥重要作用的同时,因其自身安全性所导致的溃坝风险问题,也会给相关地区带来潜在的安全隐忧,尽管事故发生的概率非常小,但其失事后果严重,破坏性大,可能造成巨大的生命、财产和环境损失。确保水库安全是国家的基本政策,因此在研究如何科学评价土坝的安全性、避免水库溃坝的安全措施上具有重要的现实意义。

1.1　选题背景

　　我国有着 2 500 多年的筑坝史,是人类筑坝历史最悠久的国家之一,也是当今世界拥有水库数量最多的国家。截至 2006 年底,全国已建成各类水库 85 874 座,总库容达到 5 974 亿 m³,其中90%以上为土石坝。水库的总库容相当于全国河流年均径流量的1/6,在防洪、灌溉、发电、养殖等方面发挥了巨大的效益。据统计,全国水库大坝保护范围覆盖了 3.1 亿人口、4.8 亿亩(1 亩 = 1/15 hm²,全书同)耕地和北京、天津、武汉、沈阳等几百个大中城市,以及重要铁路、公路干线和大型工矿企业。通过水库对洪水的合理调蓄并联合运用下游河道工程,大大减少了洪涝灾害所造成的损失。如 1995 年浑河流域大伙房水库上游发生特大洪水,经过水库的调节,保证了下游沈阳、抚顺等城市的安全,减免洪灾经济损失约 75 亿元,相当于大坝工程投资的 18 倍。1998 年长江流域发生特大洪水,洪峰流量、洪峰水位均与 1954 年接近,但洪灾损失较 1954 年大大减少,其中重要的原因之一就是丹江口、葛洲坝、二滩等一大批水库调蓄洪水,削减洪峰,为减轻洪灾损失作出了突出贡献。

　　水库大坝在发挥重要作用的同时,因其自身安全性所导致的溃坝风险问题,也会给相关地区带来潜在的安全隐忧。水库溃坝失事后果严重,破坏性大,所带来的人员伤亡和财产损失,可能超过一次海啸、一次强烈地震,甚至不亚于一次局部战争。最为典型的垮坝事件是在国际上被统称为"板桥水库溃坝事件",它被列为世界历史上十大"人为技术错误造成的灾害"事件之首。1975 年 8 月,河南省南部驻马店地区出现暴雨,板桥水库和石漫滩水库 2 座大型水库,以及竹沟、田岗等 58 座中小型水库,几乎同时溃坝。河南省有 29 个县市、1 700 万亩农田被淹、1 100 万人受灾,京广铁路被冲毁 102 km,直接经济损失近百亿元。2008 年 9 月 8 日,山西省临汾市襄汾县新塔矿业有限公司尾矿库发生特别重大溃坝事故,库容仅 30 万 m³,造成重大伤亡事故。

因此,大坝建设是一把"双刃剑",在获得巨大利益的同时,承担着巨大的溃坝风险,并且国内外溃坝事件时有发生。在我国 1957~1976 年这一段时间内,全国水库平均每年垮坝 200 多座,截至 2004 年底,我国每年平均有 68 座水库垮坝。在美国,1900~1959 年 60 年中共建坝 1 650 座,垮坝 30 座,占 1.8%。因此,减少溃坝数量、降低损失、确保水库安全仍然是各国面临的难题。

在我国,病险水库是防洪安全的重大隐患,制约着水库综合效益的充分发挥,其危害主要表现在:一是危及下游城镇、主要交通干线等基础设施以及人民群众生命财产的安全。据初步统计,全国仅危及城镇的 115 座大型和 306 座重点中型病险水库,涉及城市 179 座,占全国城市的 26.8%;县城 285 个,占全国县城的 16.7%;人口 1.46 亿人;耕地 880 万 hm²;京广、京九、陇海、京哈、津浦铁路以及众多国家级厂矿、企业和通信设施。二是严重影响水库防洪功能的正常发挥。由于水库防洪标准低或存在严重的安全隐患,其设计防洪功能不能充分运用,给防洪调度带来巨大压力。三是严重影响水库兴利效益的发挥。我国水资源短缺,且时空分布不均,水库的调节作用至关重要,但是,由于大批水库存在病险,不得不降低水位运行,有的水库渗漏严重,蓄水减少,效益严重衰减。据初步统计,仅全国大型和重点中型病险水库除险加固后,就可恢复兴利库容约 67.44 亿 m³,年增城镇供水 43.36 亿 m³。

在我国 1999 年底全国三类水库大坝共有 30 413 座,其中大型水库 145 座,占大型水库总数的 42%;中型水库 1 118 座,占中型水库总数的 42%;小型水库 29 150 座,占小型水库总数的 36%。

全国病险水库数量巨大,病害类型复杂,影响安全的因素众多,并且国家规定要在每 5~7 年内对大坝进行一次鉴定,任务相当繁重,而安全鉴定才刚刚起步,评价的方法和内容还有待深入认识和解决。本书的选题正是基于这一背景提出的,旨在深入研究导致溃坝的重要因素之一——土坝耐久性评价,为完善土坝安全性评价体系提供理论支撑。

1.2　溃坝异常原因分析及安全评价的特殊性

1.2.1　溃坝异常原因分析

土坝工程设计必须保证工程在施工使用期间的安全和满足预定功能的要求,一般包括以下几个方面:在正常施工和正常使用条件下,能承受可能出现的各种作用,必须保证在各种作用发生时,工程具有足够的安全度;在正常使用条件下具有良好的工作性能;在正常维护条件下具有足够的耐久性;在偶然事件发生时或发生后,仍能保证必需的整体稳定性。为了确保工程安全和使用功能,世界各国都制定了以可靠度理论为基础的极限状态设计法,为保证工程的耐久性,在建筑物的材料性能方面提出了与设计寿命相一致的最低要求。水坝工程作为一个重要的水工建筑物,国内外对水库大坝的设计和施工都有严格的审批和审查程序,都制定了一套完善的规范和标准,使工程的失事风险在可接受的范围之内,即安全耐久性是水库建设的根本保证。

但大坝特别是土坝的溃坝概率明显较高,经世界大坝委员会统计,世界的平均溃坝率为 0.2%,截至 2022 年我国已建的约 9.8 万座水库中有 30 413 座为病险水库,约占全国水库总数的 31%。虽然工程设计的目标可靠性指标或可接受的破坏概率,目前尚无公认,但明显超过了人们可接受的范围。

随着人们研究的深入,发现土坝工程虽然和结构工程一样都是土木工程的组成部分,但土坝工程存在空间材料不均质、各向异性及长期静荷载或动荷载的变异随机性等问题,设计中也未深入计及各功能之间的交互作用,从而导致复核的最终结果与实际情况相比,不是保守就是冒险。与结构工程相比,土坝工程存在许多自身的特点:

(1)荷载的特殊性。尽管水坝的洪水荷载与结构工程的风荷载、地震荷载一样,都采取了现有标准的概率统计的方法来确定设计标准的荷载大小,但是结构工程完工后,荷载没有多大的变化,像风荷载和地震荷载也是一个动态的不确定荷载,但通过概率统计能够把风险控制在人们可接受的范围内,而洪水荷载由水库的进水量和排泄量的关系决定,洪水标准确定后,还要受到水库的运用管理方式、洪水调度的特点影响,往往造成设计的最大洪水荷载与运行中荷载有较大的差别,人为管理造成荷载的不确定性。

(2)结构往往设计为一个超静定结构,一个构件的破坏不会造成整体失稳,但是大坝就相当于结构构件中的静定结构,一个构件的破坏就意味着整个结构的失效,构成薄弱链系统,大坝的溃坝基本是一个类似静定结构体系破坏,由于洪水、渗透、稳定形成自己独立的特殊路径。超标准洪水意味着漫坝破坏,渗透和坝坡失稳都可能造成溃坝的发生。

(3)大坝的耐久性设计。一般认为土是自然形成的,不存在耐久性问题,但是土在大坝中是作为建筑材料使用的,就存在衰老的过程,就有失效的过程,就有一个寿命问题。一般把水库的使用寿命采用死库容的失效作为大坝的使用年限,但是如:同样外形尺寸的坝体,一个采用渗透系数为 1×10^{-4} cm/s 的材料填筑,一个采用渗透系数为 1×10^{-5} cm/s 的材料填筑,两种材料的寿命是不同的。同样,材料的耐久性降低,也会引起结构体的破坏。我国现状存在大批的病险水库,施工质量是一个方面,但材料的耐久性也是一个重要的影响因素。

因此,由于水工建筑物的自身特点,各国都在从工程的自身特点出发,制定自己一套完善的管理制度。

1.2.2　工程安全分析方法的特殊性

大坝的安全管理理念最初主要来自于结构工程,从工程安全角度考虑,以提高工程的安全度来避免溃坝的发生,但是,在水库运行中逐渐发现:由于洪水的不确定性、地质条件的复杂性、工程安全的不确定性,采取工程措施不可避免水库溃坝的发生,因此国内外都从水库的安全管理转向了风险管理。

大坝风险评价的关键是确定其失事概率,为与习惯提法相一致,本书所说的风险指的是溃坝概率。因此,本书主要从大坝工程安全性进行评价。

大坝安全评价的目的是保证工程的耐久性和安全性。大坝在使用寿命内必须保证足够的耐久性,溃坝风险必须在人们可接受的范围内。由溃坝的原因分析和溃坝的路径特点可知:漫坝的原因主要为人为因素和安全性低,人为因素引起的溃坝只能由管理来降低,安全性引起的溃坝要加强技术措施降低。而耐久性引起的溃坝并不为人们所重视,因此本书主要就土坝的耐久性对安全的影响进行评价。

1.3　土坝耐久性评价发展现状

安全评价,也称为风险评价,是指对一个具有特定功能的工作系统中固有的或潜在的危险及其严重程度所进行的分析与评估,并以既定指数、等级或概率值做出定量的表示,最后根据定量值的大小决定采取预防或防护对策。土坝的耐久性分析方法的研究成果是安全评价的理论基础,现就国内外有关大坝耐久性的理论研究及评价方法分述如下。

1.3.1　耐久性概述

一切物质都是要衰变的,包括结构、性能的衰变,逐渐走向自身的反面,不断地否定自己。通俗地说,就是“老化”。物质衰变是绝对的、必然的。物质处于封闭系统时,物质的衰变是自变。物质处于开放系统时,与外界发生能量和物质的交换,外界给物质衰变提供某种激发因子而加速其衰变。土坝是以“土”为主要材料建造的水工建筑物,要求具有一定的稳定性和防渗性能,但土坝处于开放的系统中,常年受到水的渗流、水压力、自身压力等的作用,同时土还有一些自身固有的特性,因此在土石坝设计中要求在正常维护条件下具有足够的耐久性。

耐久性是指结构及其部件在可能引起材料性能劣化的各种作用下长期维持其应有功能的能力,也就是工程的使用寿命。可给衰变过程做一个理论描述:土的衰变是其自身结构的破损引起的,衰变过程就是其自身结构的损伤过程,衰变量就是损伤量。设 E_0 为土坝开始损伤前的原有量,E_t 为土坝经衰变至某一时刻 t 的剩余未损伤量,其衰变速率为 $\mathrm{d}E_t/\mathrm{d}t$,该速率应与 $(t_0 \sim t)$ 时刻间的结构衰减量 $\varepsilon = E_0 - E_t$ 成正比,即 $\mathrm{d}E_t/\mathrm{d}t \propto \varepsilon$,引入常数 λ,此常数本质上就是衰减常数,由此得 $E_t = E_0 \mathrm{e}^{-\lambda t}$,表明结构未破损量是随原始结构完整量做自然率规律衰减。这就是理论衰变方程。这个衰变方程与 Isaac Newton 的“物质冷却定律”(物质冷却的速度正比于物质的温度与外部温度的瞬时差)规律是一致的。

1.3.2　耐久性的特点

复杂性是土坝耐久性的主要特点,土坝耐久性研究的复杂性主要有两方面的原因:一方面是不确定性,另一方面是整体系统性。不确定性常常表现为以下几种:①信息不完全性,对耐久性的了解还很不全面和深入,不能完全确知耐久性有关问题的真实状态。②随机性或偶发性,即耐久性状况受很多随机发生因素的影响,因而在总体上表现为很强的随机性特征。当无法确知某件事情要发生时,或者不知道某些事情在什么时间发生时,所面临的问题就复杂了。③未知性,即对某些耐久性问题还一无所知。要解决这类完全未知的问题,当然就很复杂、困难了。

1.3.3　耐久性的研究现状

对于材料耐久性的研究还主要局限于混凝土的耐久性研究,主要研究方法为:①从方法论角度上,耐久性研究主要采用还原论,即把复杂事物分解成简单事物,这种方法割裂了事物之间的相互关系;②从对研究对象的数学处理方法上,通常采用确定性研究;③从研究的手段上,侧重理论分析和试验验证或工程实例分析。基于耐久性研究的特点,很多的理论分析需要相关试验或者工程实例的验证才能具有较强的说服力。理论分析考虑的因素较全面,但因素难确定,实用性较差;实验室模拟是否能够反映真实环境下的腐蚀情况,还有待于进一步的分析。

对土坝的耐久性研究主要体现在检测技术方面。现代高新技术的发展为小型水库病险(隐患)探测、检测技术的研究开发提供了相关技术支撑,是一个很有前景的发展方向。例如:在定远水库土坝开展了应用地质雷达进行隐患探测,在新城水库坝体开展了应用地质雷达、高密度电测法等物探方法综合进行渗漏隐患探测,应用可控源音频大地电磁测深(CSAMT)法、垂直声波反射法和高密度多波列地震影像法开展了长江堤防隐蔽工程质量无损检测工作,应用同位素示踪和天然示踪法开展了北江大堤石角段渗漏探测工作,均取得了较好的应用效果。这些方法对于发现大坝隐患、提高土坝寿命都有巨大的技术支持。

虽然水利工程设计没有明确提出耐久性的概念,但有关土坝的耐久性也逐渐开展起来,如上游护坡的建设问题,反滤层的设计、厚度的特性研究都是提高耐久性的具体研究成果。同时,在《碾压式土石坝设计规范》(SL 274—2020)中有关材料的选用、施工质量要求都是耐久性的集中体现。在土石坝耐久性评价方面,山东省水利科学研究院前期做了大量的工作,建立了评价指标和检测方式,但缺少评价办法;李天科等对土坝老化评价方法进行了研究,从土石坝各个结构体分析,建立评价模型,进行评估分级,综合评价土石坝老化程度,但对指标体系的权重确定缺少科学的依据;《大坝安全鉴定评价导则》对大坝的质量提出了评价方法,实际上也是保证耐久性的评价措施。由以上研究可知,虽没有明确提出土坝的耐久性概念,但已经做了大量的工作。但耐久性研究还有大量的工作要做,如土的压实度、颗粒级配对土坝的耐久性影响,渗流对土坝寿命的影响等都是需继续解决的问题。

大坝的评价不仅是质量的评价,更在于其使用寿命,90%以上的大坝为土坝,因此需要建立一个以耐久性为基础的评价方法对坝体质量进行评价,为水库的加固、设计或报废提供依据。

2　土坝工程中的不确定性及盲数理论

2.1　工程中的不确定性分类及其特点

从数学角度考虑,工程中的不确定性因素可分为随机性、模糊性、灰色性和未确知性。

土坝是以土为建筑材料的岩土工程,最突出的特点是其不确定性,包括土体结构和材料性能的不确定性,孔隙水压力的多变性,信息的随机性、模糊性和不完善性,信息处理和计算方法的不确切性和不精确性等。

岩土工程作为土木工程的一个分支,以传统力学为基础发展起来,但人们很快发现,单纯的力学计算不能解决实际工程问题。主要原因在于岩土工程对自然条件的依赖性、土体参数和材料性能参数的不确定性。土坝的材料选取和结构尺寸虽然可由工程师自己设计和控制,但岩土结构和材料都是自然形成的,只能通过勘察查明,而又不能完全查明。土坝分不清体系和构件,界面模糊而不规律,地质条件复杂时又很难确切掌握岩土的空间分布,存在计算条件的模糊性和信息的不完善性,坝体没有明确的构件截面和节点,不能像结构工程那样进行截面计算,分析截面可靠度,坝体的破坏有时取决于某一段土体强度的平均水平,有时取决于某一薄弱区段,虽然岩土工程计算方法取得了长足进步,发挥了重要作用,但由于计算假定、计算模式、计算参数与实际之间存在很多差异,计算结果与工程实际之间总存在或多或少的差别。科学技术崇尚定量和精确,岩土的不确定性影响了技术的发展,现按照工程背景的不同对土坝工程中的不确定性因素分述如下。

2.1.1　岩土参数的不确定性

岩土体是非均质和各向异性的,具有结构性和随机性的空间变异特征。岩土体的这种空间变异特征是导致岩土参数具有不确定性的根源,造成岩土的性能指标均匀性差、变异性大,即使是同一种土,其性能指标也随位置的不同而变化。

同一类型岩土体测试数据的离散性有两方面原因:一是取样、运输、样品制备、试验操作等环节的扰动,取值、计算等产生的误差,使测试数据呈随机分布,这方面产生的不确定性与材质比较均匀的钢材等测试数据的随机性质基本相同,只是变异性更大;二是岩土体测试数据还和样品的位置有关,自然界的岩土,即使是同一层,其性质也是有差别的,既有规律性的水平相变和竖向相变,也有无规律的指标离散。因此,个别样品测试的指标一般缺乏代表性,必须有一定数量的测试指标,经统计分析才能得到代表值。另外,岩土计算不像结构那样注重构件截面计算,岩土工程分析没有截面计算,被分析的岩土体的尺寸与试验样品的尺寸比较,要大许多倍,使试验数据与岩土体参数值的综合水平存在一定的差距。

岩土工程的测试可以分为室内试验、原位测试和原型监测三大类,还有各种模型试验,极为多样,各有各的特点和用途。同一种参数,测试方法不同,得出的成果数据也不同,选用合适的测试方法成为岩土工程计算能否达到预期效果的重要环节,例如:土的抗剪强度室内试验有直剪和三轴剪。直剪有快剪、固结快剪和慢剪;三轴剪有不固结不排水剪、固结不排水剪、固结排水剪和固结不排水剪测孔隙水压力;非饱和三轴剪;原位测试有十字板剪切试验和野外大型剪切试验等。由于试验条件不同,试验结果各异。试验方法的多样性是其区别于其他试验的一个重要方面。岩土工程计算时应注意计算模式、计算参数和安全度的配套使用,而其中计算参数的正确选定最为重要。

2.1.2　孔隙水压力的多样性

土坝的坝基一般为岩基,岩体中的地下水沿着岩体中的裂隙和洞穴流动,随着裂隙和洞穴形态和分布的不同,有脉状裂隙水、网状裂隙水、层状裂隙水、岩溶水等不同的地下水类型,不同地段岩体的富水性、透水性和水压力差别非常大,摸清裂隙水的规律有时非常困难。

无论是裂隙水还是孔隙水,其压力水头或水位都是变化的,有季节变化、多年变化,还有因工程建设、开采地下水、水资源调配等人为因素产生的变化,这些变化往往很难准确预测。地下水的压力既有静水压力,又有渗透力。

饱和土是固、液两相,非饱和土是固、液、气三相,于是产生了有效应力原理,有效应力原理是土力学区别于一般材料力学的主要标志,在土工计算中产生了总应力法和有效应力法两种方法。孔隙水压力的增长和消散,在土工分析中是一个十分突出的问题,不同的加载速率使坝坡稳定有不同的表现形式,渗透系数和地层组合的差别导致坝体沉降速率的差别等。饱和土中的超静水压力可产生挤土效应,地震时的超静水压力可导致砂土液化。非饱和土中的孔隙气压力形成基质吸力,基质吸力随着土中含水量的增加而降低,因而是不稳定的,膨胀土随湿度的增加强度显著降低,非饱和土边坡雨季容易发生事故,都和基质吸力降低有关。总之,把握好孔隙水压力是岩土工程分析的关键。

2.1.3　计算模型的不确定性

岩土工程发展到今天,理论研究和计算方法确实都取得了长足发展,包括各种岩土本构模型、各种解析法和数值法计算,相应地研发了许多计算软件,但用到工程上则不一定都能得到满意的结果。其原因是除参数的不确定性外,计算模型选取的不确定性也是重要的影响因素。这些不确定性是由于理论上的近似和假定、边界条件的简化而产生的,也是由未包含在模型中的其他变量的相互关系的未知效应产生的。

下面以边坡的稳定计算为例进行说明。边坡的稳定系数是根据边坡的工程地质模型抽象出其力学模型和几何模型并做一定的假设来进行研究的,基于极限平衡理论的常见的几种稳定系数计算方法均有一定的假设,如瑞典条分法,完全忽视了条块侧面上的作用力 E_i 和 X_i,并假定滑面为固定圆心的圆弧;Bishop 法则要求条块侧面必须垂直,并假定两垂直侧面上的剪切力之和为零;Sarma 法的力学模型比较严密,不存在过多的约束和假设,比如,滑面可以是任意折线的复杂形态,不要求条块的几何形状,考虑了侧滑面的作用力,考虑了地震力和地下水的作用等,但仍然假设边坡条块侧滑面 E_i 的作用点为已知。

同一边坡采用不同的计算模型或状态函数,所得到的稳定系数 F_s 的概率分布特征也不同。另外,选取不同的用于计算的滑动面,以及边坡条块划分数量的多少、条块的几何形状等几何因素,均对边坡的稳定系数有影响。由此可见,不同的力学模型和几何模型的选取将导致边坡稳定系数的离散性,是边坡稳定不确定性的又一原因。

2.1.4　几何尺寸的不确定性

在同样的条件下,具有不同几何尺寸的结构,结构的响应(包括应力、位移等)也不相同。对土坝而言,上部坝体几何尺寸的变异性很小,但不排除在结构敏感部位几何尺寸可能存在的微小差异带来的显著影响,而对坝基部分,断层、裂隙、节理等结构面的几何分布情况(包括走向、倾角、延伸度、间距等)一般很难准确把握,而这些结构面的几何分布情况对于计算渗流场至关重要。但由于几何不确定性问题、有限元计算的复杂性,至今国内外在此方面的研究成果还很少。

2.1.5　初始条件和边界条件的不确定性

无论是应力场的计算还是渗流场的计算,都离不开对边界条件的分析确定,对于非稳定渗流问题,初始条件的影响也不容忽视。模拟实际工程所建立的几何物理模型,需兼顾仿真和简便两大原则,边界条件往往需做一定程度的简化。边界条件的不确定性来源于实际问题的复杂性、边界条件变化的不可预知性、人类认识的局限性以及对结构边界处的简化等。目前,对于渗流问题,刘宁和刘俊生等已对边界条件的随机性影响进行了研究,但对于应力问题,研究成果较少。

2.1.6　计算方法的不确定性

由于各种力学计算方法还不够完善和成熟,计算方法不精确可能引起的误差比较难以精确估计,造成在坝体稳定计算中没有固定的计算方法。

总之,由于工程的复杂性、多样性,要准确把握每一个不确定性也不太现实,因此在土坝安全鉴定中,必须把握主要的影响因素,影响土坝的安全分析众多因素中,起决定作用的是岩土参数的变异性。

2.2　土坝不确定性的计算和评价方法

概率统计、模糊数学、灰色数学和未确知数学都是表达和处理单式信息的有效工具。而客观上,信息往往不是那么简单,而是多种不确定性共存。从信息混沌类中分离出一种最多同时具有上述提到的 4 种不确定性的较为复杂的信息,称为盲信息。盲信息是从信息混沌类中分离出来的一种较为复杂的信息,是信息混沌的细分和单式信息的推广。盲数是处理和表达盲信息的数学工具。

信息处理速度与方法的研究是信息时代的永恒主题。科技工作者把数学理论和生产实践相结合,逐渐形成了各种解决实际问题的信息处理方法,如相关分析、回归分析、主成分分析、聚类分析、判别分析、层次分析、模糊数学分析、灰色系统理论、人工神经网络分析、集对和粗集分析、投影寻踪分析等,为人们在实际工程中的应用奠定了基础。对于岩土工程,往往是多种不确定信息的集合体,而用单一信息处理,往往会丢掉许多信息,盲数理论是处理岩土工程最有效的数学工具,本节仅对盲数理论进行论述。

2.3　盲信息和盲数理论

2.3.1　盲信息理论的应用现状

盲信息数学是在 20 世纪 90 年代由王光远、刘开第、吴和琴等教授建立起来的一种处理盲信息的新型数学基础理论和方法。它结合了发展较为成熟的概率统计、模糊数学、灰色系统理论和新近发展的未确知数学,经过十几年的发展,盲数的可信度、MB 模型(blind model)和复盲数理论等已在市场预算、投资项目经济评价、电网规划、河流水质风险分析、水库纳污能力计算等较多领域得到应用和推广。

随着盲数理论的成熟和推广,在大坝安全评价中也逐渐得到重视,赵志峰等利用盲数来表达计算参数的不确定性,将盲信息的数学理论引入边坡稳定的刚体极限平衡计算中,提出了一种安全系数计算的新方法。洪晓久等基于工程质量风险评价系统具有未确知性的特点,建立了工程质量风险特征量的盲数及评价模型,确定工程质量风险量及其相应的可信度值。石博强等利用盲数表达优化设计中的不确定变量,提出了基于盲数的优化方法,该方法给出优化问题的盲数解。盲数解不仅给出了设计变量的取值,还给出了不同取值时优化对象处于最优状态的可靠性的评价。这些应用为盲数理论在工程安全评价中的应用起到较好的指导作用。

2.3.2　土坝安全评价中的盲信息分析

在土坝安全评价中,需要采用大量的土工试验结果、观测数据,这些成果中含有各种观测误差、外界环境影响引起的误差等偶然误差,它们是随机分布的,因此用于安全评价的数据是一种随机信息。

在土工试验、现场观测中,如土的渗透系数、抗剪强度等试验值的真值是客观存在的,由于主观或客观的原因,如试验员的技术水平、试验设备的精度限制,以及一些无法抗拒的因素,即使得到一系列的试验数据,但仍不能确定各个试验项目的真值,从而产生主观的、认识上的不确定性,这种不确定性即为未确知性。因此,在土坝安全评价中,所采用的数据同时具有多种未确知信息。

影响土坝安全的因素极其复杂,评价函数和参数、评价模型等都是部分已知、部分未知,都具有明显的灰性。因此,土坝安全评价中的信息也是一种灰信息。

在安全评价中,安全的标准都是人为规定的,评价结果都是模糊的,只能根据各个方面的信息综合判断比较事实的运行状态,认为它是安全或不安全的,而不能给出绝对的判断,这些定性描述都具有明显的模糊性,属于模糊信息。

根据盲信息的定义,含有随机性、未确知性、灰性及模糊性等两种或两种以上不确定性的信息称为盲信息。由以上分析可知,用于土坝安全评价的各种信息以及评判结果都是盲信息。

从国内外大坝安全评价的研究现状可以看出,随机性判断是目前应用较多的一种方法,采用概率统计参数代表整个数据的特性,造成较大的误差;模糊综合评判方法也是常用的方法,其原理是综合各个影响大坝安全的主要因素而忽略次要因素对大坝安全做出总体评判。这类方法能抓住问题的主要方面解决评判问题,但在忽略次要信息的同时也有它不可避免的缺陷,被忽略的诸多信息有时仍然是很重要的,忽略某些信息会造成评判结果的偏差甚至是失误。

土坝安全评价一般是对若干个试验数据的信息加上决策者的经验并经模型处理后得到大坝的运行状态,如安全系数模型、神经网络模型、统计模型、模糊综合评判模型、聚类模型等,这些评判方法其结果要么用一个单纯的实数加以表达,要么就是用一个绝对的评判结果(正常或异常)加以描述,大坝的安全状态非此即彼。因此,对评判结果必须经过较严格的检验才能确认。属于异常大坝而判断为正常,会因未能及时采取有效措施而使情况进一步恶化,将造成大的安全险情。这是现有的大坝安全判断方法共存的不足之处。

以上存在的问题,究其原因,是由于安全综合评判中的各种信息是具有多种不确定性的盲信息,用确定的结果表示不完全确定的信息太过于绝对化,在一些情况下缺乏合理性。更符合实际的方法应是列出各种信息和评判结果的各种可能情况,然后用可信度表示每一种情况的可能性大小。用可信度表示监测信息能充分利用已有的监测数据,在此基础上用可信度表示评判结果可信程度的大小,可以为决策工作提供更加充分可靠的依据。

2.3.3 盲数理论

2.3.3.1 盲数的定义

盲数是处理和表达盲信息的数学工具。盲数定义为:设 $\alpha_i \in g(I)$,$\alpha_i \in [0,1]$,$i = 1, 2, \cdots, n$,$f(x)$ 为定义在 $g(I)$ 上的灰函数,且

$$f(x) = \begin{cases} \alpha_i, x = x_i & (i = 1, 2, \cdots, m) \\ 0, 其他 \end{cases} \tag{1-2-1}$$

当 $i \neq j$ 时,$\alpha_i \neq \alpha_j$,且 $\sum_{i=1}^{n} \alpha_i = \alpha \leq 1$,则称函数 $f(x)$ 为一个盲数,称 α_i 为 $f(x)$ 的 α_i 值的可信度,称 α 为 $f(x)$ 的总可信度,称 n 为 $f(x)$ 的阶数。

盲数包含区间型灰数和未确知有理数,而区间型灰数包含区间灰数,未确知有理数包含离散型随机变量的分布,所以盲数是区间数和随机变量分布的一种推广。

2.3.3.2 盲数运算法则

盲数的运算抽象于各个盲信息之间的真实关系,定义盲数运算如下:

设 $*$ 表示 $g(I)$ 中的一种运算,可以是 $+$、$-$、$\times$、$\div$ 中的一种。设盲数 A、B:

$$A = f(x) = \begin{cases} \alpha_i, x = x_i & (i = 1, 2, \cdots, m) \\ 0, 其他 \end{cases} \tag{1-2-2}$$

$$B = g(y) = \begin{cases} \beta_j, y = y_j & (j = 1, 2, \cdots, n) \\ 0, 其他 \end{cases} \tag{1-2-3}$$

图 1-2-1 称为 A 关于 B 的可能值带边 * 矩阵，$x_1, x_2, \cdots, x_m$ 和 $y_1, y_2, \cdots, y_n$ 分别是 A 与 B 的可能值序列，互相垂直的两条直线叫纵轴和横轴。第一象限元素构成的 $m \times n$ 阶矩阵叫作 A 关于 B 在 * 运算下的可能值 * 矩阵，简称可能值 * 矩阵。

图 1-2-2 称为 A 关于 B 的可信度带边积矩阵，$\alpha_1, \alpha_2, \cdots, \alpha_m$ 和 $\beta_1, \beta_2, \cdots, \beta_n$ 分别是 A 和 B 的可信度序列，互相垂直的两条直线叫纵轴和横轴。第一象限元素构成的 $m \times n$ 阶矩阵叫作 A 关于 B 的可信度积矩阵，简称可信度积矩阵。

$$
\begin{array}{c|ccccc}
x_1 & x_1 * y_1 & \cdots & x_1 * y_j & \cdots & x_1 * y_n \\
\vdots & \vdots & & \vdots & & \vdots \\
x_i & x_i * y_1 & \cdots & x_i * y_j & \cdots & x_i * y_n \\
\vdots & \vdots & & \vdots & & \vdots \\
x_m & x_m * y_1 & \cdots & x_m * y_j & \cdots & x_m * y_n \\
\hline
* & y_1 & \cdots & y_j & \cdots & y_n
\end{array}
$$

图 1-2-1　A 关于 B 的可能值带 * 矩阵

$$
\begin{array}{c|ccccc}
\alpha_1 & \alpha_1 * \beta_1 & \cdots & \alpha_1 * \beta_j & \cdots & \alpha_1 * \beta_n \\
\vdots & \vdots & & \vdots & & \vdots \\
\alpha_i & \alpha_i * \beta_1 & \cdots & \alpha_i * \beta_j & \cdots & \alpha_i * \beta_n \\
\vdots & \vdots & & \vdots & & \vdots \\
\alpha_m & \alpha_m * \beta_1 & \cdots & \alpha_m * \beta_j & \cdots & \alpha_m * \beta_n \\
\hline
* & \beta_1 & \cdots & \beta_j & \cdots & \beta_n
\end{array}
$$

图 1-2-2　A 关于 B 的可信度带边积矩阵

A 关于 B 的可能值 * 矩阵与可信度积矩阵中元素 a_{ij}、b_{ij} ($i = 1, 2, \cdots, m; j = 1, 2, \cdots, n$) 叫作相应元素，其所在位置称为相应位置。

A 关于 B 的可能值 * 矩阵中元素，按相同的算作一个排成一列：$\bar{x}_1, \bar{x}_2, \cdots, \bar{x}_k$。

若 $\bar{x}_i$ 在可能值 * 矩阵中有 S_i 个不同位置，将可信度积矩阵中对应的 S_i 个位置上的元素之和记为 $\bar{r}_i$，可得序列 $\bar{r}_1, \bar{r}_2, \cdots, \bar{r}_k$，令

$$
\varphi(x) = \begin{cases} \bar{r}_i, & x = \bar{x}_i \quad (i = 1, 2, \cdots, k) \\ 0, & \text{其他} \end{cases} \tag{1-2-4}
$$

称 $\varphi(x)$ 为盲数 A 与 B 的 *，记作

$$
A * B = f(x) * g(y) = \begin{cases} \bar{r}_i, & x = \bar{x}_i \quad (i = 1, 2, \cdots, k) \\ 0, & \text{其他} \end{cases} \tag{1-2-5}
$$

当 * 分别代表 +、-、×、÷ 时，则分别得到 $A+B$、$A-B$、$A \times B$、$A \div B$。对"÷"要求 y_i 的区间不包含实数零 ($j = 1, 2, \cdots, n$)。

盲数 $A * B$ 与可能值 * 矩阵中元素的排列顺序无关。

设 A、B、C 为盲数，则①$A + B = B + A$；②$A \times B = B \times A$、$-A \times B$、$A \div B$；③$(A + B) + C = A + (B + C)$；④$(A \times B) \times C = A \times (B \times C)$。

2.3.3.3　盲数 BM 模型

设 A、B 为盲数,则

$$A = f(x) = \begin{cases} \alpha_i, x = x_i & (i = 1, 2, \cdots, m) \\ 0, \text{其他} \end{cases}$$

$$B = g(y) = \begin{cases} \beta_j, y = y_j & (j = 1, 2, \cdots, n) \\ 0, \text{其他} \end{cases}$$

令:

$$P(A - B \geqslant r) = \sum_{x_i - y_j \geqslant r} f(x_i) \cdot g(y_j) \tag{1-2-6}$$

则称 $P(A-B \geqslant r)$ 为盲数 A 关于 B 的 BM 模型。其中,r 为按实际问题要求确定的某个已知实数。在坝坡稳定计算中,A 为抗滑力,B 为滑动力;在渗透稳定计算中,A 为允许坡降,B 为实际坡降。

2.4　小　结

有不确定性,就有风险。本章系统地论述了工程中的不确定性分类、工程中的主要不确定性特点、土坝不确定性的计算和评价方法,并简单阐述了盲信息和盲数理论在土坝安全评价中的应用,为后续的不确定性信息的评价和计算奠定了理论基础。

3　溃坝原因分析及土坝病害调查

3.1　土坝发展概述

3.1.1　大坝的建设历程

截至 2022 年,全国共建成了各类水库大坝约 9.8 万座,在国际大坝委员会登记的大坝(坝高大于 15 m)为 3 万余座,数量居世界首位,其中 90% 以上为土石坝。中国 1949 年以前,建成并能继续运行的大中型水库大坝仅有 23 座(大型水库 6 座、中型水库 17 座)。新中国成立后的 70 多年来,大坝建设得到了快速发展,高峰建设期大致可分为以下 3 个阶段。

第一阶段为第一个五年计划期间(1953~1957 年)。随着科学技术的进步和经济建设的发展,我国水利水电事业得到蓬勃发展。在此期间建设的水库主要有:在海河流域的永定河上修建了官厅水库,在淮河流域河南省境内修建了石漫滩、白沙、南湾、板桥、薄山等水库,均为土坝(板桥、石漫滩在 1975 年漫坝),在安徽省修建了佛子岭水库、梅山水库(混凝土连拱坝)、磨子潭水库(混凝土肋墩坝)、响洪甸水库(混凝土重力拱坝),在四川省修建了狮子滩水电站(堆石坝),在福建省修建了古田一级水电站(混凝土宽缝重力坝),在江西省修建上犹江水电站(混凝土重力坝),在广东省修建了流溪河水电站(混凝土拱坝)。这期间的水库建设,勘测、设计、施工质量较好,工期较短,造价低,效益显著。

第二阶段为 1958~1970 年。正值"大跃进"和"文化大革命"时期,大、中、小型水库建设风起云涌。现存大型水库的 3/4、中型水库的 2/3、小型水库的 90%(小型水库病险率最高)均建于这一时期。这些工程建设多数是在"三边"(边勘测、边设计、边施工)下进行的,特别是小型水库,"四不清"(来水量、流域面积、库容、基础地质情况均未调查清楚)就动工兴建。由于多数大坝建设采用"群众运动"的方式,技术措施不到位,管理混乱,工程质量无法保证,留下了大量的工程隐患和不足之处,造成大批病险水库。这些"建设后遗症"造成水库工程效益不够理想,社会效益不显著,甚至还会妨碍后期水利工程建设的深入,这给后期工程管理带来很多麻烦。

由于"75·8"河南大水造成了不可估量的损失,全国又掀起了"水库保安全工程"建设高潮。针对当时水利工程存在防洪标准低、隐患多等缺陷,对工程进行除险加固,做好有关配套建设。这次"水库保安全工程"的主要任务是对坝体加高、开非常溢洪道提高泄洪能力,使大多数水库达到 PMP(可能最大降雨)防洪标准。但由于重视不够,造成坝体接高部分不能与下部坝体防渗体有效连接、防渗性能差、透水性强等不满足工程规范要求,造成原有工程隐患没有解除,又产生了新的安全隐患。

第三阶段是从 1991 年至今。此期间,我国国民经济快速、健康发展,大坝建设也进入了一个健康发展的时期。特别是最近 10 多年,世界上 60%的主要大型水利水电工程建设项目都在中国。世界著名的三峡工程、锦屏一级水电站双曲拱坝、水布垭面板堆石坝、龙滩碾压重力坝等一批水利水电工程的建设,均代表了当代世界先进筑坝技术和水平。由于采用高质量的管理和设计,大坝安全得到保障。

从大坝建设的高峰阶段可以看出,我国的大坝建设主要在第二阶段完成,由于缺乏管理和设计,造成了一大批病险水库,坝型主要是土石坝,山东省的山区水库基本都在这个阶段建成。

3.1.2　水库的安全管理发展

在工程管理方面,我国一直采用大中型水库一般由水库管理单位管理,小型水库则由村、镇管理,负责大坝工程的维护和汛期洪水调度。在 20 世纪 70 年代以前,大中型水库都建立了完善的位移渗流观测系统,并且有专人进行系统的观测和管理,在计划经济体制下,每年都有专门的经费进行大坝维护,是一个良好的水库建设运行阶段。进入 1966 年以后,由于当时的特殊形势,水库基本处于失控状态,无人管理和维护,造成水库的病险加重。

为加强对水库的安全管理,我国制定了一系列法律法规。我国水库管理法规与技术标准体系的建设,大体可以分为三个阶段:①在 20 世纪 70 年代末以前,主要是以各种行政文件作为水库管理的依据,尚未上升到法规的层次。②20 世纪 70 年代末 80 年代初,相继制定了《水库管理通则》《土坝观测资料整编办法》《混凝土大坝安全监测技术规范》等规范性文件和技术标准;1988 年《中华人民共和国水法》颁布施行后,水库管理法规与技术标准体系建设进入了一个快速发展的新时期。③1991 年国务院颁布了《水库大坝安全管理条例》,之后,水利部又相继制定了《水库大坝安全鉴定办法》《水库大坝注册登记办法》《水库大坝安全评价导则》《土石坝养护修理规程》《综合利用水库调度通则》《水库洪水调度考评规定》等一系列与之配套的规范性文件和技术标准。与此同时,电力等部门也先后颁发了一批行业规定与标准。目前,已初步形成了以《中华人民共和国水法》《中华人民共和国防洪法》等为基础,《水库大坝安全管理条例》为骨干,一系列规章、规范性文件和技术标准为辅助的较为完备的水库管理法规与技术标准体系,为水库管理的法治化、规范化奠定了基础。

当前中国水库大坝安全管理的内涵正在发生深刻变化,大坝安全不仅是工程本身的安全问题,更成为社会公共安全的重要组成部分。规避溃坝灾难,不仅需要保障工程安全,而且需要下游人民群众和社会增强风险意识,建立有效的避险减灾机制。因此,近年来,大坝风险管理技术与理念正在我国得到广泛认可与推行,以构建水库大坝工程安全与下游社区避险机制相结合的综合安全管理体系已逐步形成。

3.2　溃坝原因分析

3.2.1　国内外溃坝情况概述

《国外溃坝数据库》(中国防汛抗旱,2007)文献总共收集了来自美国、印度、英国、澳大利亚等56个国家的一共1 609个溃坝案例,土石坝的溃坝数量最多,占66%,在已知运行年数的629个溃坝案例中,238个溃坝案例(38%)发生在运行初期5年内,124个溃坝案例是发生在投入运行后的第一年内。此外,施工期和投入运行后第二年的溃坝数量也较多。漫坝和质量问题是溃坝的主要原因,其中漫坝占40%,质量问题占38%,灾害占4.7%,管理不当占1.1%,其他占0.4%,原因不详占15.8%。在质量问题中,60.8%的溃坝是由于渗透破坏,坝体和基础结构破坏占15.4%,溢洪道质量问题占6.5%,其他辅助结构质量问题占1.5%,原因不详占15.8%。

随着社会的发展,各国在大坝管理和研究上都得到了加强,溃坝数量每年逐渐减少,主要反映在:根据国际大坝委员会第99号专题报告,1900~1951年共建各类大坝5 286座,其中溃坝117座,溃坝率2.2%,1951~1986年共建大坝12 138座,其中溃坝59座,溃坝率0.49%,反映出1950年后大坝安全状况大为改善。据N. V. Schnitter统计,美国1900~1959年60年中建坝共1 650座,溃坝30座,溃坝率1.8%,其中1900~1910年溃坝率9%,以后逐年减少,到1950~1959年已降为0.4%。据1982年第14届世界大坝会议报道:世界大坝溃坝率1900年以前一般大于4%,到1900年曾一度大于10%,以后逐渐减少,至1980年只有约0.2%。溃坝率从世界宏观看,已从20世纪初的4%~10%,至20世纪末已降到0.2%或以下。经过100多年的发展,我国的溃坝率已降低很多,但0.2%还是较大的,溃坝率还明显高于世界平均水平。国际大坝委员会的第三次调研发现:国外与我国的已建成的大坝总数量基本相近,而溃坝数量二者之比仅为1∶60,即使考虑我国的坝都在1955年后建成,其比值仍为3∶50,我国的溃坝数量明显高于国外。我国溃坝数量居高不下的主要原因为:一半以上水库建成于20世纪50~70年代,大多是在“边勘测、边设计、边施工”中进行的,工程标准低、施工质量差,经过几十年的运行大多已处于病险状态。据统计,1999年底全国三类水库大坝共有30 413座,其中大型水库145座,占大型水库总数的42%;中型水库1 118座,占中型水库总数的42%;小型水库29 150座,占小型水库总数的36%,因此我国的大多数水库存在的“先天性”缺陷是导致年均水库溃坝数量较高的主要原因之一。

3.2.2　我国大坝溃坝规律及原因分析

对于我国溃坝失事的统计先后进行过4次,本书在第4次统计的基础上,又收集整理了2004~2008年的溃坝数据,然后对溃坝原因进行分析。

我国 1954~2008 年 55 年中的溃坝事故共 3 497 起,其中有大型水库 2 座、中型水库124 座、小型水库 3 371 座。统计的区域涉及全国除港澳台外的 31 个省(自治区、直辖市),下面对溃坝发生的规律及其原因进行具体分析。图 1-3-1 为全国历年溃坝数量统计,图 1-3-2 为各省(自治区,直辖市)溃坝数量统计。

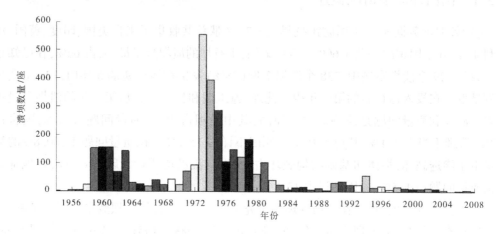

图 1-3-1 全国历年溃坝数量统计

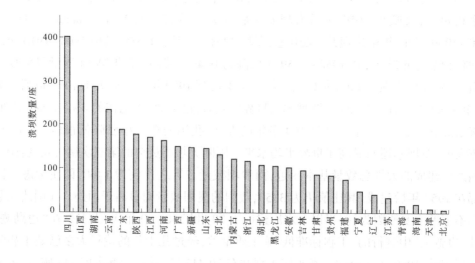

图 1-3-2 各省(自治区、直辖市)溃坝数量统计

3.2.2.1 溃坝发生的规律

1. 溃坝数量随时间的变化

图 1-3-1 和图 1-3-2 给出了在时间和地域上的已溃坝统计结果,由图 1-3-1、图 1-3-2 可知:①溃坝事件的发生具有明显的 3 次高峰期,分别是 1959~1962 年、1971~1981 和 1990~1994 年,分别对应于水库建设高峰期和管理松懈期。②20 世纪 70 年代溃坝数量最多,按年溃坝数量进行排序,排在前三位的依次是 1973 年、1974 年和 1975 年,对应溃坝数分别达到 556 座、396 座、291 座。在统计区域内,除西藏、上海无溃坝事故发生外,全国几乎所

有省(自治区、直辖市)都有溃坝事故发生,且溃坝数量最多年份都在20世纪70年代(见图1-3-3)。③自1982年之后,溃坝数量明显减少。

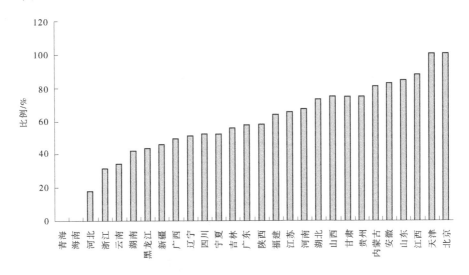

图1-3-3　各省(自治区、直辖市)20世纪70年代溃坝数量占已溃坝数量的比例

2. 已溃大中型水库的坝龄分布

在1954~2008年的55年中共发生126起大中型水库溃坝事件,其中有2座大型水库为板桥水库和石漫滩水库,进入21世纪,溃坝的中型水库为新疆八一水库。图1-3-4为已溃大中型水库的溃坝坝龄分布。由图1-3-4可以看出:①我国已溃大中型水库中超过半数是在施工期发生的。进一步分析其发生年代,绝大部分的施工期溃坝事故发生在1958~1960年,1980年之后,再未发生过施工期溃坝事故。②水库大坝在投入运行10年内即发生溃坝事故的比例很高,在10年之后的溃坝率则相对低很多。国际大坝委员会对世界范围(中国除外)的溃坝事故进行统计分析,也曾得出类似的统计结论。

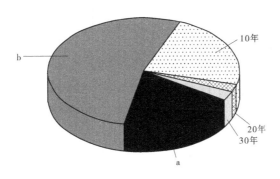

a—建成年代不明;b—施工期溃坝。

图1-3-4　已溃大中型水库的溃坝坝龄分布

3.2.2.2 溃坝原因分析

将溃坝事故按漫坝(泄洪能力不足和超标准洪水两种情况)、质量问题、管理不当、其他原因和原因不详等 5 类原因,对全国 1954~2008 年 55 年中已溃水库的溃坝原因进行统计,结果见图 1-3-5、图 1-3-6。统计数字表明,20 世纪 70 年代的溃坝数占总溃坝数的56.4%。对 20 世纪 70 年代的已溃水库溃坝原因进行分析表明,泄洪能力不足和质量问题是导致溃坝发生的主要原因,且泄洪能力不足和质量问题是导致北方水库溃坝率高的直接原因。

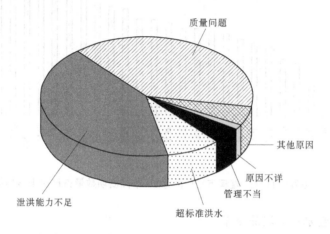

图 1-3-5　20 世纪 70 年代各种溃坝原因导致的溃坝数占相应溃坝总数的比例

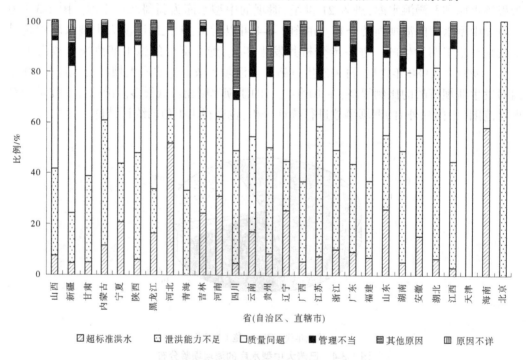

图 1-3-6　各种原因导致的溃坝数占相应区域溃坝总数的比例

因质量问题而发生失事的大坝共 1 146 起(占总数的 38.5%)，其中因坝体渗漏而失事的有 675 起(22.7%)，由于坝体滑坡而失事的有 78 起(2.6%)，由于基础渗漏而失事的有 39 起(1.3%)，由于溢洪道、放水洞渗漏而失事的有 465 起(15.6%)，由于管理不当而失事的有 124 起(4.2%)，其他原因引起的有 136 起(4.6%)［包括塌方堵塞泄洪设施的有 50 起(1.7%)］，由于人工扒坝泄洪而失事的有 68 起(2.3%)，由于工程设计布置不当引起的有 18 起(0.6%)(1979 年大坝加高为工程设计不合理)。可见失事的原因五花八门，但除去人为因素，主要原因为渗漏和滑坡。

通过对 1 000 起一般性事故统计资料分析(都没有引起工程的全部破坏，经过修复工程继续运行)，主要病害类型为裂缝、渗漏、管涌、护坡破坏等。

(1)裂缝 253 起(25.3%)，其中大坝裂缝 129 起(12.9%)，铺盖裂缝 11 起(1.1%)，其他建筑物裂缝 113 起(11.3%)，主要发生在蓄水初期。

(2)渗漏 264 起(26.4%)，其中坝基渗流 67 起(6.7%)，坝体渗漏 70 起(7%)，坝头绕渗 31 起(3.1%)，其他建筑物渗漏 96 起(9.6%)。

(3)管涌事故 53 起(5.3%)，大坝渗漏的进一步发展，使土体流失，引起渗漏破坏。

(4)滑坡塌坑 109 起(10.9%)，其中大坝滑坡 53 起(5.3%)，大坝塌坑 25 起(2.5%)，岸坡塌滑 31 起(3.1%)。

(5)护坡破坏 65 起(6.5%)。

(6)冲刷破坏 112 起(11.2%)。

(7)气蚀破坏 30 起(3%)。

(8)闸门启闭失控 48 起(4.8%)。

(9)白蚁洞穴及其他 66 起。

因此，水库溃坝的主要原因是漫坝和质量问题，洪水漫坝是多方面的原因，洪水预报水平低是主要原因，但提高水库洪水调度、加强远程信息管理、加强水库的管理，还是能避免漫坝的发生的。因质量问题而发生溃坝的主要因素是渗漏和滑坡。特别是在北方地区，水库质量问题是导致水库失事的主要原因。

3.2.2.3　近期溃坝情况

1991 年以来，全国共发生 235 座水库溃坝。从溃坝原因看，147 座是因发生超标准洪水导致水库漫坝失事，占 63%；71 座是因工程质量差、抢险不力造成溃坝失事，占 30%；其他 7% 的溃坝主要是管理不到位、措施不得力造成的。从溃坝水库的规模看，小型水库 233 座，占 99%；中型水库 2 座。水利专家认为，当前水库存在的主要问题是水库溃坝的主要原因，而小型水库是水库安全度汛工作的薄弱环节。

从以上分析来看，水库建设初期和管理松懈期是水库溃坝的主要阶段。因此，要修水库，就要修好水库，修安全和经济的水库。安全不单指大坝和溢洪道保证安全，凡与水库有关的启闭、运用、交通、通信等设施都必须安全可靠。不仅质量好，而且妥善养护管理，注意检查观测，发现问题必须及时处理。加强大坝安全管理，一是要加强维修养护，保证工程的完整与安全，合理控制运用，正确处理防洪与兴利的关系，严格按照批准的计划运行；二是要认真进行定期安全检查与观测工作，做好资料的整理分析，发现问题或有异常现象，应及时研究处理。

3.3　山东省水库溃坝情况

山东省现有山丘型大型水库 32 座、中型水库 153 座(两座砌石重力坝)、小型水库 4 898 座[其中小(1)型 827 座、小(2)型 4 071 座]、塘坝 30 890 座,以及众多的平原水库和地下水库。仅大中型水库控制流域面积 2.8 万 km²(占山东省山丘区面积的 38%),总库容 124.15 亿 m³,兴利库容 61.99 亿 m³,调洪库容 67.39 亿 m³,有效灌溉面积 765.49 万亩;小型水库总库容 29.54 亿 m³,有效灌溉面积 29.33 万 hm²,对全省防洪、抗旱、社会经济特别是农村经济发展起到了重要作用。但山东省的水库安全形势并不乐观。从历史上看:山东省溃坝情况主要发生在 20 世纪七八十年代,1970~1990 年全省小型水库溃坝 254 座次,其中小(1)型水库 31 座次、小(2)型水库 223 座次。因超标准洪水漫顶溃坝的占溃坝总数的 28%,淄博市淄川区的紫峪水库 1966 年 7 月 15 日溃坝,造成众多伤亡,是全省水利史上最惨痛的教训。当前水库病险率较高,第一、二批的 18 座大型险库仅有 10 座基本脱险,其他 8 座大型水库仍属三类水库,加上新鉴定的病险水库,全省 16 座大型水库为三类坝病险水库,占大型水库总数的 50%;中型三类水库有 70 座,占总数的 46%;小型三类水库 2 573 座,占总数的 52.5%。

从全省的病险水库调查情况看,主要质量问题是:渗漏、滑坡、裂缝。

渗漏:全省发生过较严重渗漏的大型水库有 22 座,中型水库有 75 座。

滑坡:全省有 17 座大型水库、34 座中型水库发生过大坝坝体滑坡,多数发生在迎水坡,滑坡主要原因为砂壳碾压不密实。

裂缝:全省有 60 座大中型水库(大型水库 18 座、中型水库 42 座)大坝发生过严重裂缝。另一种形式的塌陷为坝面护坡塌陷破坏,山东省的水库坝面一般采用干砌石护坡。全省有 12 座大型水库和 20 余座中型水库的干砌石护坡曾被风浪严重破坏。

在对全省 168 座大中型水库调查统计中,坝基渗流严重者 97 座,大坝或心墙断面不够、坝顶无防浪墙或防浪墙与心墙接合不好者 73 座,大坝砂壳或护坡质量不好造成滑坡塌坡者 86 座,放水洞严重漏水者 32 座。

3.4　土坝的病害现状调查分析

山东省的坝型比较单一,所有大中型水库均为土坝,其中黏土心墙坝占 62%,均质土坝占 38%;小型水库 98% 以上为土坝。共进行了 35 座大中型水库和 100 座小型水库的土坝大坝安全鉴定,现根据调查情况,对土坝存在的主要病害分述如下。

3.4.1　坝顶高程不满足规范要求

土坝坝顶高程的确定由最高静水位和坝顶超高决定。一定条件下的最高静水位是按照《防洪标准》(GB 50201—2014)的要求,根据防洪对象的重要性和损失程度确定具体的防洪要求,一定规模的水库防洪标准要由上级主管部门批准。然后根据批准的防洪标准进行防洪核算和兴利调节计算,确定最高洪水位。

（1）洪水资料变化，坝顶高程不满足防洪标准。

降水量是一个不确定性的因素，对于中小型水库，人们在建造水坝的时候一般假设未来河流的流量（总径流和大的洪水）和原来差不多，由于人们所掌握的历史水文资料时间序列太短，可能没有反映出周期性水文变化现象。气候变化可能在多数水坝的服务年限内引起河流流量的变化，因而气候变化成为流量变化的又一个不确定因素。极端降雨事件的降雨量或者频率发生变化，也会影响水坝的安全。这些变化是极端不确定的，但是气候变化将会导致（可能已经导致）极端降雨事件的降雨量和频度增加。比如在院里水库病害调查中，由于在水文系列的延长和1998年大洪水的加入（在同样泄水规模的条件下），径流和洪水明显偏大，2006年与1982年"三查三定"资料相比：洪水总量增加8.4%，设计洪峰流量增加2.3%，因此，设计洪峰流量和洪水总量的增加，坝顶高程就不满足《防洪标准》（GB 50201—2014）。

在国外，对英国赛文河研究得出了这样的结论，2050年赛文河50年一遇洪水的流量可能大约增加20%，现状的工程规模就不能满足未来的防洪要求。

（2）局部坝顶高程不满足防洪标准。

在工程设计中，当坝体较长时，往往分为主坝和副坝，主坝位于主河槽位置，能够按工程标准进行建设，副坝一般位于阶地或垭口处，坝顶高程在建设中就比主坝低，在调查的水库中有65%存在这种现象，明显降低了防洪要求。

（3）泄洪能力不足。

此处的泄洪能力不足是指溢洪道的设计规模和标准达到了设计要求，而在运行中特殊原因造成的泄量不足，主要有：在溢洪时溢洪闸启闭设备失灵，闸门无法启动；溢洪道内长期不溢洪，被建筑物、堆积物占用，影响泄洪；溢洪道两岸岩体不稳定，在溢洪洪水冲刷下发生滑坡。由于水库缺乏管理，泄洪能力不足在中小型水库中是普遍存在的现象。

发生溃坝事件往往是多种原因造成的结果，由于溃坝事件的敏感性和后果的严重性，溃坝真正原因的调查困难而复杂。如板桥水库溃坝事件溃坝的原因是多方面的，有大气候的环境条件、小气候的环境条件、水库所在地区的地形条件，也有水库自身的缺陷。图1-3-7是板桥水库溃坝决口照片，可以看出决口位于坝体中部就不正常，因为规范规定为防止从坝的中部先行漫溢，减缓溃坝速度，要求坝顶中间预留超高，同时该水库泄洪道的闸门锈死，部分泄洪闸不能正常开启，也加快了水位的过快上升。1999年飓风Floyd带来的大洪水淹没了美国北卡罗来纳州，有36座水坝发生溃坝，美国法院就把它判决为管理不到位导致工程病害而产生的溃坝事故。

3.4.2　防浪墙不满足规范要求

防浪墙是用圬工材料建造在上游坝肩的连续性墙体。防浪墙是坝体的一部分，除防浪外，在特殊情况下要有挡水的功能，因此规范规定：墙顶应高于坝顶1～1.2 m，防浪墙必须与防渗体紧密接合，墙体应坚固不透水，其结构尺寸应根据稳定、强度计算确定，并应设置伸缩缝，做好止水。但由于设计和施工对防浪墙不够重视，在三类坝水库中，防浪墙极少有符合规范要求的。防浪墙存在的主要问题有：防浪墙不与防渗体连接，防浪墙不坚固，防浪墙兼作挡土墙等。如图1-3-8为山东省石岙子水库大坝，防浪墙坐在砂壳上，与防渗体较远。

图 1-3-7　板桥水库溃坝决口照片

图 1-3-8　防浪墙与心墙接触质量及现状

3.4.3　坝顶接高部分质量不满足规范要求

大坝接高是我国特殊历史时期的产物。在调查中发现许多那个时期的大坝,坝体经过多期施工才达到设计规模,在"75·8"河南特大暴雨洪水后,全国对现有的土石坝水库按 PMP 防洪标准进行了复核,水库普遍进行了 1~2 m 的加高处理,由于在 1966 年之后一段时期,资金短缺,技术落后,质量意识差,在没有设计的情况下,坝体普遍"长高了",顶高程虽满足了防洪高度的要求,但防洪标准却没有提高,主要表现在以下几个方面:

（1）接高没有清基或清基不彻底，新老防渗体之间为一层强透水层，一旦水位到达该处，就存在异常渗漏，大坝出现险情（如田村水库）。

（2）接高部分填筑质量差，土体压实度低，普遍不满足规范要求，土质质量差，透水性强，甚至用碎石垒砌。如在检测乳山市院里水库时，发现接高部分（35.73 m 高程以上）主要由碎石、乱石和砾砂填筑而成，结构松散，砾质粗砂的渗透系数为 $2.5×10^{-2}$ cm/s，基本没有挡水功能。

在特殊的历史条件下，仅满足形式上的要求，而没有防洪功能，一旦遇到超标准洪水，就存在溃坝风险。

3.4.4　上游护坡不满足规范要求

护坡的作用是保护由土、砂、砂砾石等材料构成的上下游坡面，上游护坡主要是防止风浪淘刷及漂浮物、冰冻等的破坏。护坡的形式、厚度及材料粒径应根据坝的级别、运用条件和当地材料情况，经经济技术比较确定。由于受当时经济条件的影响，土坝几乎全为砌石护坡，砌石护坡由护坡块石和反滤层组成。由于护坡石质量小，反滤层不符合太沙基准则，均存在脱坡现象。

3.4.5　坝体不满足规范要求

坝体必须有足够的断面才能维持坝体的稳定，保持大坝挡水的能力，山东省的土坝主要为均质土坝和心墙砂壳坝。

均质坝体的主要病害为裂缝和压实度低。裂缝主要是不均匀沉降和湿化原因造成的，在蓄水初期，裂缝现象比较严重，经过几十年的运行，裂缝大部分已闭合，能够引起坝体不安全的裂缝较少；压实度低、存在软弱夹层是它的另一病害，但由于沉降固结基本完成，在不改变运行条件的情况下，也不会引起坝体安全问题。

在山东省大中型水库中，有一半以上为心墙砂壳坝，砂壳结构松散，相对密度在 $0.2\sim0.5$，并且山东省是一个地震多发地区，在地震作用下，很容易发生液化和滑坡现象。

滑坡也是溃坝的主要原因：山东省有 17 座大型水库、34 座中型水库发生过大坝坝体滑坡，多数发生在迎水坡，滑坡主要原因为砂壳结构松散。在调查中，90%以上的砂壳坝填筑松散，达不到抗震要求，又由于砂壳不纯，含有大量的黏土夹层和黏土透镜体，容易产生液化现象。

由于砂壳松散，不但地震引起滑坡，大风、水位骤降、炸鱼等都曾引起过滑坡，因此砂壳松散是影响坝体稳定的主要病害。

3.4.6　防渗体不满足规范要求

在山东省的土坝中，防渗体材料主要为黏土，结构主要为斜墙防渗体、均质土坝防渗体和黏土心墙防渗体。均质土坝防渗体和黏土心墙防渗体的共同病害是压实度低，不满足规范要求，但坝的稳定、渗流都能满足规范要求。

3.4.7　坝内埋入物不满足规范要求

水库的输(引)水建筑物多数为坝内埋管、廊道衬管,为圬工结构,大多直接建造在坝体内,埋管周围填土碾压不密实,和坝体接合部无截渗环等防渗措施,普遍存在接触渗漏、断裂漏水及老化失修现象,对大坝安全构成严重威胁。泄洪建筑物(溢洪道、泄洪洞)多为简易结构,消能防冲设施不完善,无法保证洪水安全下泄,甚至回水冲坝脚。全国约有28%的小型水库存在此类安全隐患。

在山东省还有一些压载有压放水洞,十几米高的压载墙直接埋入坝体内,因不均匀沉陷较容易与坝体脱离而产生渗流;还有因导流墙埋入坝体内而产生渗漏的案例。由于渗漏形成潜流,渗水从坝基排走,一旦发现异常,就已经到了非常严重的程度。作者曾参与两座小型水库的事故查看,在没有任何征兆的情况下,坝体突然出现塌坑,经检测坝体与排水管之间已经出现空洞,如果恰遇大洪水发生,后果不堪设想。

3.4.8　坝基处理不满足规范要求

土坝坝基的严重渗漏是水库建设和管理运行上的重要问题之一,这不仅影响到灌溉、发电效益的充分发挥,也往往由此而引起坝基砂砾层发生管涌或流土破坏,造成土坝的溃决失事。根据国外土坝资料,因渗漏而造成的占40%。渗漏主要分为主河槽砂砾层渗漏、阶地段的渗透变形和坝基基岩渗漏。

3.4.8.1　**主河槽砂砾层渗漏**

土坝坝高一般在20~30 m,坝基砂砾石层厚度一般小于10 m,防渗处理的方法主要有黏土截渗墙、防渗帷幕和上游黏土铺盖等。

在坝基第四纪覆盖砂层内开挖基槽,回填黏性土作截渗墙防渗处理,在当时条件下是最有效的防渗措施,山东省大部分水库采取这样的截渗措施。防渗效果的好坏关键在于清基质量,若黏土截渗齿墙完全坐落在基岩上,都能够满足防渗要求。但由于措施不得力,清基不彻底,未将风化层全部清除而达到新鲜岩石;或是遇到基槽涌水很多,砂层未能全部挖除就进行回填(如泗水县龙湾套水库);有的未将基槽中的水抽净就用水中抛土来回填(如蒙阴县岸堤水库);这样可能在齿墙下形成泥浆状的软化带,而这些地方的渗透变形又较大(坡降3~5),很易遭受冲刷破坏。

还有一部分水库,坝基未做垂直截渗工程,而是采取了上游做黏土铺盖,下游做反滤排水,这种做法一般也能有效地控制渗流,防止渗透变形。但由于种种原因,少部分水库在蓄水后发现较严重的漏水,并有不同程度的渗透变形发生(如曲阜的尼山水库、安丘的牟山水库)。2007年4月19日,甘肃省张掖市高台县小海子水库下库发生大坝溃决事故,水利部鉴定结果是小海子水库溃坝属非自然因素造成的渗流破坏,是一起责任事故。其根源是坝后排水沟底部的黏土层被破坏、坝前铺盖中存在的缺陷处理不当,致使坝基不能满足渗流稳定要求。渗流破坏先从坝后排水沟破坏涌水开始,逐渐向上游发展,坝基被淘空,坝前坝后形成了渗漏通道,导致坝体沉降、坍塌,最终酿成决口溃坝。

3.4.8.2　**阶地段的渗透变形**

在现代砂砾河床两侧,常分布有一、二级阶地,阶地的地质构造有两种常见的类型:一为上层覆有相对不透水的壤土和黏土,下为砂砾层(古河床的冲积物);二为基岩上覆盖有坡积洪积层,土质为亚砂土或亚黏土,下部没有砂砾层,但有的在土中夹有一层层的碎石。由于在施工前没有做地质勘察而仅做地面地质调查,认为阶地表面的黏土层能够起到防渗铺盖的作用,而未采取防渗措施。但是,黏土层的厚度差异性非常大,并且多数水库施工时在坝前就近取土,破坏了黏土层的完整性,造成坝后渗漏严重,甚至发生渗透变形现象,即使采取工程措施,也不能消除渗漏隐患。

3.4.8.3　坝基基岩渗漏

坝基岩石的节理、裂隙、断层,特别是石灰岩地区的喀斯特溶洞,是基岩渗漏的主要原因,由于当时的施工条件,基岩渗漏进行处理的工程较少,遗留下大坝的安全隐患。基岩裂隙渗漏比较典型的为潍坊市荆山水库,大坝下伏岩层为玄武岩,柱状节理裂隙发育。1991 年,库水位在 133.30 m 时,坝后渗漏量达 90 L/s;1995 年,库水位在 133.20 m 时,坝后主河槽内多处出现集中涌水,桩号 0+293 处出现浮砂现象。坝基渗漏的主要原因为基岩裂隙发育,基岩漏水也是大坝安全的重大隐患。

一般来说,坝基的漏水,并不一定会危及土坝的安全,而只有在漏水的同时引起坝基的渗透变形才是最危险的。

砂砾地基渗透变形问题复杂的另一方面,时常遇到表面现象和问题实质不完全一致的情况,有些土坝在平时表面上没有什么问题,但在洪水猛涨时突然发生渗透破坏。在土坝因渗透变形而失事的若干例子中,常见到事前没有任何征兆的记载,但也有不少水库在蓄水之初渗水量较大,存在涌砂现象,几年后现象消失。因此,使不少人对这个问题产生不可捉摸的神秘感,或对它麻痹大意,忽视不管,或谈虎色变,担惊受怕。

3.5　小　结

溃坝的概率非常低,但其危害性是巨大的,减少溃坝的发生一直是国内外水库管理者追求的目标。由于自然的复杂性、不确定性,溃坝风险是不可避免的。本章根据国内外的溃坝资料,以山东省土坝基础资料对病害类型进行了调查分析,主要结论为:

(1)溃坝的数量具有明显的时间特性,主要发生在管理的松懈期,溃坝的主要原因是漫坝、质量问题、管理不当等,质量问题中引起溃坝的主要原因是坝坡失稳和渗透破坏。

(2)溃坝的根本原因是对影响坝体安全的不确定性认识不清,在现阶段最有效的方法是加强大坝管理。

(3)安全和耐久性是工程设计的基本要求,若在设计、施工中缺少考虑或考虑不周,会增加溃坝风险。

(4)从山东省的土坝病害调查可以看出:病险水库多,病害类型复杂,大坝失事的潜在危险加大,但其危害性又不是等同的,因此就需要建立适合山东省水库特点的大坝评价体系和标准。

4　基于层次分析法的土坝耐久性评价方法

我国现有土坝已进行除险加固,随着时间的推移会有更多工程迈入老化的行列,为大坝的正常使用埋下了隐患。对土坝进行恰如其分的评价和剩余使用寿命预测是不可或缺的前提。至于采取何种措施,是修复、加固抑或是报废,则要根据土坝在以后使用过程中的性能、业主的要求以及合理的准则,通过综合判断后确定。

4.1　现有的评价方法及特点

长期以来,我国对工程建筑质量进行评价,主要采用缺陷扣分、加权平均的方法。首先计算各个分部工程的得分值,然后由分部工程的得分值来评价工程的质量。它的具体操作是,将分部工程的满分设为 100 分,首先对工程中的缺陷进行判定,并对各缺陷按其严重程度进行扣分,再将各缺陷扣分值累加,最后用 100 减去累加的扣分值作为该产品的得分值,由得分值判定产品的质量。

目前,对工程质量的认定主要有:工程质量优良、工程质量合格和工程质量不合格。实际施工质量均达到规定要求,且工程运行中也未暴露出质量问题,可认为工程质量优良;当实际施工质量大部分达到规定要求,或工程运行中已暴露出某些质量缺陷,但尚不影响工程安全,可认为工程质量合格;实际施工质量大部分未达到规定要求,或工程运行中已暴露出严重质量问题,影响工程安全,可认为工程质量不合格。目前这种质量的评定标准比较笼统,一般认为大于 90 分为优良,60~90 分为合格,小于 60 分为不合格。

传统的缺陷扣分法以工程中的缺陷作为基本的质量评价信息,其操作简便,对质量缺陷反应敏感,一个严重的质量缺陷就可以使工程不合格;缺陷易于量化,且缺陷直接对应于工程的不同质量等级,所以根据扣分情况,可以很方便地对工程质量进行分等定级。

但是这种方法也存在着许多局限性和不足,尤其是利用这种方法对运行几十年的工程进行质量评价时,这种局限性就表现得更加突出。主要表现在以下几个方面:

第一,缺陷扣分法,以工程的缺陷信息作为工程的基本质量信息,只在缺陷和非缺陷之间以及缺陷的程度上进行评定,而对够不上缺陷的信息的质量不做评价,统一作为完美对待,这就使得许多中间质量信息被损失掉了,导致其评价结果比较粗糙,不够可靠。

第二,由工程质量评定验收标准可以看出,缺陷扣分法中的各种缺陷,其概念本身就是模糊的,难以明确界定。如土坝的填筑质量采用压实度评价,对三级坝压实度为 97%~98%,满足规范要求,评定界限看似比较清楚,实际界线也是模糊的。压实度 96% 与 97% 有多大的区别,同时在计算中不同的土样采用同一最大干密度是否合适,在这种情况下,却被划归为性质完全不同的缺陷和非缺陷两类。

第三,缺陷扣分法是一种刚性的质量观,对缺陷的认定过于绝对,这使得其结论经常显得偏激。比如塑性指数大于 20 的黏土不宜作为防渗材料,那么 20.1 是否可以,在质量评定中也许被看作缺陷而加以扣分,而 19.9 则不会被看作缺陷,实际上这两种土并没有实质性区别。所以,缺陷扣分法不利于体现工程质量的模糊属性。

第四,缺陷扣分,加权平均的实质是将不同性质和不同程度的缺陷值进行线性相加,然后根据分值情况直接判定工程的质量等级。这会使得在存在缺陷的情况下,其评价结果偏严重,同种类或不同种类的多个轻微缺陷就可能使工程的质量等级很低,甚至不合格。

第五,在工程质量评定中,强调施工时的质量并不适合老建筑物的鉴定。土坝的老化不同于材料的老化,在运行中,一部分性能下降,另一部分性能可能会提高。在第一批除险加固的工程中,存在验收后又成为新的病险水库,说明工程质量的评价也是有局限性的。

第六,目前对工程质量的评定选取样本进行评价,这就使得评价结果受到样本选择的局限,样本选择的数量和区域的不同,会使同一工程的质量评价等级不同,这很显然是不合理的。同时,工程中的每个评价不是孤立的。若一个土的样品压实度质量不合格,就存在土的抗剪性能、渗透性能降低,在工程运行中有可能产生渗透破坏,因此要求在质量评价时,应全面综合地考虑各种因素的影响,而缺陷扣分法很难适应这种特点。

4.2　土坝耐久性的表示方法

4.2.1　土坝老化的特点

土坝是以土为主要建筑材料人工堆积的挡水建筑物,是一个复杂的应力场、渗流场、温度场等组成的集合体,必须具有一定的防渗性能和良好的稳定性。土是以矿物颗粒组成骨架的松散颗粒集合体,由固体颗粒、水和空气三相组成,在水流和渗透压力的作用下存在有机质、矿物质的流失及颗粒的迁移;在自身压力、水压力的作用下存在坝体的蠕变、流变现象。因此,土坝在运行过程中也有一个老化的过程,经过长时间的运用,性能逐渐降低。土坝的老化可以定义为大坝建成之后,在内部和外界各种因素作用下,随着时间的推移,坝体逐渐降低甚至丧失其工作性能的现象。但土坝还有自我"修复"能力,由于坝体沉降、土体骨架固结,抗滑稳定性提高,颗粒迁移、级配改善,防渗性能提高,同时坝体裂隙具有自闭合性能,都可以大大改善其工作性能,因此土坝的老化评价具有自己的特点。

对在役建筑物,不仅要评价建筑物现状与质量标准的差异,还要评价其性能可利用程度,因此需要建立以耐久性为评判准则的评价体系。

4.2.2　耐久性的表示

土坝的耐久性一般用老化系数进行表示。标准为:其质量和标准满足规范要求,在正常维护条件下,其使用寿命能够保证在正常设计年限内不会发生破坏,这种状态采用"1"表示;土坝病险严重,随时都有发生破坏的可能,这种状态采用"0"表示;把 0 和 1 之间分成 4 个等级:[1,0.8]、(0.8,0.6]、(0.6,0.4]、(0.4,0],这 4 个区间分别采用无老化病害、轻度老化病害、中度老化病害、严重老化病害。

4.3 评价模型的建立及评价原则

4.3.1 评价模型的理论基础

评价模型的建立采用层次分析法(analytic hierarchy process,AHP)。

层次分析法是美国运筹学家 T. L. Saaty 教授于 20 世纪 70 年代初期提出的,AHP 是对定性问题进行定量分析的一种简便、灵活而又实用的多准则决策方法。它的特点是把复杂问题中的各种因素通过划分为相互联系的有序层次,使之条理化,根据对一定客观现实的主观判断结果把专家意见和分析者的客观判断结果直接而有效地结合起来,将一层次元素两两比较的重要性进行定量描述。而后,利用数学方法计算反映每一层次元素的相对重要性次序的权值,通过所有层次之间的总排序计算所有元素的相对权重并进行排序。一般而言,运用 AHP 的步骤如下:

(1)通过对系统的深刻认识,确定该系统的总目标,弄清规划决策所涉及的范围、所要采取的措施方案和政策、实现目标的准则、策略和各种约束条件等,广泛地收集信息。

(2)建立一个多层次的递阶结构,按目标的不同、实现功能的差异,将系统分为几个等级层次。

(3)确定以上递阶结构中相邻层次元素间相关程度。通过构造两两比较判断矩阵及矩阵运算的数学方法,确定对于上一层次的某个元素而言,本层次中与其相关元素的重要性排序——相对权值。

(4)计算各层元素对系统目标的合成权重,进行总排序,以确定递阶结构图中最底层各个元素在总目标中的重要程度。

(5)根据分析计算结果,考虑相应的决策。

4.3.2 评价模型建立的原则

(1)全面性原则。土坝老化贯穿土坝建设和运行中的整个生命周期,因此必须有一套完备、科学且实用的土坝老化度量模型,才能全面反映土坝质量状况,即评价指标体系必须反映被评价问题的各个侧面,绝对不能"扬长避短";否则,评价结果将是不准确的。强调全面性,可能导致模型过于复杂,使得在土坝耐久性评价上失去灵活性和主动性。因此,要求土坝老化度量模型力求精练、抓住重点,涉及综合性强的质量特性指标。

(2)系统性原则。工程耐久性评价是大坝安全评价的一部分,工程老化指标与其鉴定指标是相互联系、相互制约的关系,对子系统的评价应以大局的评价为依据,从纵向来看,这个系统又形成一个多层次的递阶结构,各层次之间相互衔接不可分割。也就是说,低一层次对高一层次来说是可以综合的,高一层次对低一层次来说是可以分解的。这样就构成了一个严格的、合乎规律的、内在联系的指标网络。

(3)科学性原则。指整个评价指标体系从元素构成到结构,从每一个指标计算内容到计算方法都必须科学、合理、准确。工程耐久性评价的目的是评价投入运行以来在性能方面的实际情况和变化,工程现状能够满足安全运行的能力。因此,评价模型必须具备科学性,即指标的定义应当明确,有科学依据;符合实际,能真实地反映出大坝的实际状况;能为大坝的管理提供导向作用。

(4)实用性原则。指所有评价指标都有处可查,有数据可计算,可量化考核,并具有相对稳定性。

(5)层次性原则。指建立整个评价指标体系的层次结构,可为进一步的因素分析创造条件。

(6)目的性原则。指整个评价指标体系的构成必须紧紧围绕着综合评价目的层层展开,使最后的评价结论反映评价意图。

(7)可比性原则。指所构成的评价指标体系必须对每一个评价对象是公平的、可比的,可以在不同的时期、不同的范围内进行横向的、动态的比较。指标体系中不能包括一些有明显"倾向性"的指标。

(8)可操作性原则。一个综合评价方案的真正价值只有在付诸现实才能够体现出来,这就要求指标体系中的每一个指标都必须是可操作的,必须能够及时收集到准确的数据。一般而言,每一个指标体系中出现不可操作的指标时,人们通常是"一删了之",这对于综合评价指标工作是很不利的,是对评价结论科学性的一种损害。

4.3.3 评价模型的建立

大坝是由多个部分构成的集合体,大坝耐久性的综合评价受多种因素的制约和影响,具有层次性和动态性的特点,因此评价模型也是多层次的复杂结构体系,并且各下层指标对上层指标的相对重要性程度不尽相同。在大坝耐久性评价中,不仅要确定各定量指标的量值,进行无量纲化处理,还需确定定性指标的指标值。由于定性指标和耐久性等级的确定带有不确定性,因此可利用盲数方法将定量和定性的评价指标有机地结合起来,对大坝耐久性进行评价。其基本模型的建立如下所述。

评价由因素集和评价集组成。

因素集是影响评判对象的各种因素所构成的集合,设有 n 种因素所构成的因素集,通常用 U 表示:$U = \{u_1, u_2, \cdots, u_n\}$,各元素 $u_i (i = 1, 2, \cdots, n)$ 代表对评判事件有影响的因素。

评价集是由评判者对评判对象可能的各种结果所组成的集合,设有 m 种决断所构成的评价集,通常用 V 表示:$V = \{v_1, v_2, \cdots, v_m\}$,各元素 $v_i (i = 1, 2, \cdots, m)$ 代表各个可能的评判结果,对于不同的评价体系和问题,一般具有不同的评语集。

若用 r_{ij} 表示第 i 个因素对第 j 种评语的可信程度,则因素集与评价集之间的关系可用评价矩阵 $\boldsymbol{R}$ 来表示,见式(1-4-1)。

$$\boldsymbol{R} = \begin{pmatrix} r_{11} & r_{12} & \cdots & r_{1n} \\ r_{21} & r_{22} & \cdots & r_{2n} \\ \vdots & \vdots & & \vdots \\ r_{m1} & r_{m2} & \cdots & r_{mn} \end{pmatrix} \qquad (1\text{-}4\text{-}1)$$

式中:$0 \leqslant r_{ij} = \mu_R(u_i, v_j) \leqslant 1 (i = 1, 2, \cdots, m; j = 1, 2, \cdots, n)$。

如果因素集 U 中的因素又是由多个因素组成的,即 U 由 k 层($k \geqslant 2$)组成,第1层(最高层)具有 m 个因素,即 $U_1 = (U_1^{(1)}, U_2^{(1)}, \cdots, U_m^{(1)})$,评价集 $V = (v_1, v_2, \cdots, v_n)$,则多层次综合评判的数学模型见式(1-4-2)(结合坝体耐久性评价,取 $k = 3$)。

$$
\boldsymbol{B} = \boldsymbol{A} * \boldsymbol{R} =
\begin{pmatrix}
A_1 & * & \begin{pmatrix} A_{11} & * & r_{11} \\ \vdots & \vdots & \vdots \\ A_{1s} & * & r_{1s} \end{pmatrix} \\
A_2 & * & \begin{pmatrix} A_{21} & * & r_{21} \\ \vdots & \vdots & \vdots \\ A_{2p} & * & r_{2p} \end{pmatrix} \\
\vdots & \vdots & \vdots \\
A_m & * & \begin{pmatrix} A_{m1} & * & r_{m1} \\ \vdots & \vdots & \vdots \\ A_{mq} & * & r_{mq} \end{pmatrix}
\end{pmatrix}
\tag{1-4-2}
$$

式中: A 为各因素指标的权向量; A_m 为 A 的第 m 层; A_{mp} 为 A_m 中的因素。

多层次综合评价是从最底层(第 k 层)开始的,向上逐层运算,直至得到最后的评语集 B 。第 k 层评价结果就是第 $k-1$ 层因素的评价集。其计算步骤如下所述。

(1)先进行第 3 层的运算,分别得到 $B_{ij} = A_{ij} * r_{ij}$,即

$$
\begin{aligned}
&B_{11} = A_{11} * r_{11} \\
&\qquad\vdots \\
&B_{1p} = A_{1p} * r_{1p} \\
&\qquad\vdots \\
&B_{m1} = A_{m1} * r_{m1} \\
&\qquad\vdots \\
&B_{mq} = A_{mq} * r_{mq}
\end{aligned}
\tag{1-4-3}
$$

完成第 3 层的计算后,令:

$$
\boldsymbol{R}_1 = \begin{pmatrix} B_{11} \\ B_{12} \\ \vdots \\ B_{1p} \end{pmatrix} , \quad \cdots \quad , \quad \boldsymbol{R}_m = \begin{pmatrix} B_{m1} \\ B_{m2} \\ \vdots \\ B_{mq} \end{pmatrix}
\tag{1-4-4}
$$

(2)进行第 2 层的运算,分别得到 $\boldsymbol{B}_i = \boldsymbol{A}_i * \boldsymbol{R}_i$,即:

$$
\begin{aligned}
&\boldsymbol{B}_1 = \boldsymbol{A}_1 * \boldsymbol{R}_1 \\
&\qquad\vdots \\
&\boldsymbol{B}_m = \boldsymbol{A}_m * \boldsymbol{R}_m
\end{aligned}
\tag{1-4-5}
$$

完成第 2 层的计算后,令:

$$
\boldsymbol{R} = \begin{pmatrix} \boldsymbol{B}_1 \\ \vdots \\ \boldsymbol{B}_m \end{pmatrix}
\tag{1-4-6}
$$

（3）进行最高层的运算，得到最后的评语集 B，见式（1-4-7）。

$$B = A * R \qquad (1-4-7)$$

4.4　综合评价指标体系的建立

4.4.1　评价体系的建立

大坝耐久性评价是针对多级评价指标的综合分析，因此本书采用 AHP-综合评价对各个评价指标进行层次分析，经过对各因素的分解、聚积和分类，形成一个具有递阶层次结构的评价系统。评价结构模型见图 1-4-1。

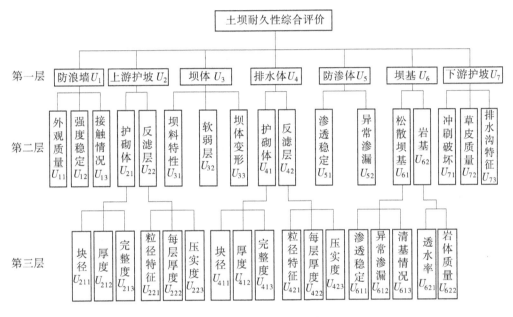

图 1-4-1　评价结构模型图

4.4.2　评语集的确定

评语集就是对评价指标特性的"优""劣"状况做出描述，若对评价指标完全做出"优""劣"的划分在概念上难以具体操作，就只能采用定量描述，将评价指标特性划分为若干个可度量的评价等级，并对每个等级加以说明，亦即构造一个评价指标评价等级的集合，并对集合中的每个元素加以定义。对评价等级的划分目前尚未形成公认准则。评价指标特性和评价等级数划分为多少，是一个涉及已有方法、相应规范、实践经验、人类心理活动等多方面因素的问题。若等级数量划分得过少，将不利于大坝状况真实合理地反映；若等级数量划分得过多，又会使确定等级间界限难度加大。当前主要的划分方法有安全鉴定质量评语体系、ALARP（as low as reasonably practicable，最低合理可行）原则评语体系、医学上对健康的划分评语体系、工程耐久性评价体系等。

4.4.2.1　安全鉴定质量评语体系

《大坝安全鉴定评价导则》是根据《水库大坝安全鉴定办法》制定的规范性文件,是进行水库大坝安全评价的基础。该导则对大坝质量的评价采用了三级标准:工程质量优良、工程质量合格和工程质量不合格。这种"三分制"的表述模糊,在工程应用中很难把握。

4.4.2.2　ALARP 原则评语体系

ALARP 原则的含义是指任何工程系统都存在风险,不可能通过预防措施来彻底消灭风险,而且当系统的风险水平越低时,要进一步降低风险就越困难,其成本显著增加。因此,必须在成本与风险水平之间作出一个折中图。ALARP 原则分区示意图见图 1-4-2。对于大坝来说,现状质量满足规范要求,即达到了规避风险的效果,大坝病险的划分就是建立在现有规范、规程基础上的大坝的风

不可容忍区
不可容忍线
ALARP区
可忽略线
可忽略区

图 1-4-2　ALARP 原则分区示意图

险评价,定出可能的破坏情况。具体地说,根据大坝的检测情况,对质量进行定量评价。

(1)系统进行定量风险评估,若所评估出的风险指标在不可容忍线之上,则落入不可容忍区。此时,除特殊情况外,该风险是无论如何不可接受的,必须进行除险加固。

(2)如果所评估出的风险指标在可忽略线之下,则落入可忽略区。此时,该风险是可以被接受的,无须再采取安全改进措施,即各部分的质量基本满足规范要求。

(3)如果所评估出的风险指标在可忽略线和不可容忍线之间,则落入 ALARP 区,此时的风险水平符合 ALARP 原则。此时,需要进行安全措施、费用与收益评估。如果分析结果证明,进一步增加安全措施投资,对大坝系统的风险水平降低贡献不大时,则风险是"可容忍的",即允许该风险的存在。

因此,工程的老化病害评估也可以根据 ALARP 原则分为 3 个等级:不可容忍区、ALARP 区、可忽略区,即 A、B、C 3 个等级。

4.4.2.3　医学上对健康的划分评语体系

目前,医学上对健康的评价一般分为健康、基本健康、健康欠佳、病危 4 种情况。参照此划分方法,将各层评价指标和最终评价目标健康状况也划分为 4 个等级:健康、基本健康、健康欠佳、病危。

4.4.2.4　工程耐久性评价体系

鉴于工程老化病害是一个不可逆转的渐变工程,对其用 4 个等级的模糊语言来描述,即无老化病害、轻度老化病害、中度老化病害、严重老化病害。

(1)无老化病害[1,0.8]。工程运行较好,结构性能符合规范要求,结构性能没有下降,处于良好的工作状态。

(2)轻度老化病害(0.8~0.6]。对于大部分在役大坝,一般都超过了稳定运用期,稳定运用期后即开始老化病害,建筑物整体结构性能向下降趋势发展,这时并未影响工程运行,工程性能处于良好状态,但应加强工程观测、检查及资料分析工作,捕捉工程老化病害迹象,以便及时采取补救措施,达到延缓工程老化病害进展的目的。

(3)中度老化病害(0.6~0.4]。工程运行到一定时期,在内外因素的共同作用下,部

分部位结构性能下降,影响其效益的正常发挥。这时应加强对老化病害原因的分析、研究,加强维修管理工作,以防止老化病害的进一步发展。

(4)严重老化病害(0.4,0]。工程老化病害到一定程度,其预定功能明显下降,工程效益已不能正常发挥,工程老化病害状态严重,这时应及时采取加固改造等防治措施,否则易发生安全事故。

4.4.3　权重的确定方法和原则

大坝耐久性评价是对坝体现状做出全局性、整体性评价,即对坝体的所有组成部件,根据实际情况,用一定的方法给每个评价对象赋予一个评价值,再据此按照评价规则做出最终评价。

4.4.3.1　权重的特点

大坝是由一系列既有相互联系又相对独立工作的建筑物组成的综合作用体。各部分所处的结构位置不同,其对大坝老化性态状况的反映程度也不同,它们在性态评价中的重要性也不同。因此,在确定权重时,应紧密结合各评价指标所处结构的特点进行具体分析,同一评价指标在不同的结构部位其权重也是不同的,对于重要结构部位的评价指标应赋予较大的权重。同时,各部分的相对重要性是基本不变的,其权重应该是相对稳定的。

4.4.3.2　专家意见的处理

由于大坝的特殊性和复杂性,专家在大坝安全评价中的作用是不可替代的,评价结果的科学性、准确性、正确性在一定程度上依赖于专家在评价中作用的发挥。对专家的意见进行处理,常用的方法多从专家组意见集中程度和各位专家权威性两方面进行处理,即专家意见集中权和专家权威权。本书采用了专家意见集中权分析法,即把专家对评价指标重要性判断意见看作识别对象,通过对其进行动态聚类分析,根据聚类结果按照少数服从多数的原则给专家赋权。

为减少计算方法对权重确定带来的误差,本书采用九标度层次分析法、三标度层次分析法和权重的不确定性区间法分别进行确定,然后取其平均值。

4.4.3.3　采用九标度层次分析法确定权重

传统的层次分析法采用九标度法将人的判定定量化,建立判断矩阵,进而求解权重。根据各单项指标的相对重要性,按照重要性比较标度(1~9)进行划分。1为两个因素同等重要;3为两个因素相比,一个比另一个稍微重要;5为两个因素相比,一个比另一个明显重要;7为两个因素相比,一个比另一个强烈重要;9为两个因素相比,一个比另一个极端重要;2、4、6、8为上述两相邻判断的中值,将各单项指标进行两两比较,并赋予相应的重要性值,以此为基础构造判断矩阵。以土坝耐久性评价的第一层次指标说明权重的计算方法。

土坝的第一层次指标由上游护坡、防浪墙、坝体、防渗体、下游护坡、排水体和坝基7个指标组成,虽每个坝体指标对坝体的质量都非常重要,但也不完全同等重要,必然存在区别。为使赋值具有权威性,由山东省长期从事大坝设计咨询的10名专家进行重要性评价打分,经反复讨论给出了评价结果,结果见表1-4-1。在打分过程中,主要考虑病害的危害、检测的难易、加固的难易、加固受其他条件的影响及资金投入等,重要程度顺序为:坝基=防渗体>坝体>上游护坡>防浪墙>排水体>下游护坡(坝体的质量问题相对坝基和防渗体工程重要性稍低,因为坝体出现质量问题如变形等,更容易发现和检测,且其在水下的也可以进行加固处理)。

表 1-4-1 两两比较判断矩阵

项目	上游护坡	防浪墙	坝体	防渗体	下游护坡	排水体	坝基
上游护坡	1	3	1/4	1/5	5	4	1/5
防浪墙	1/3	1	1/6	1/7	3	2	1/7
坝体	4	6	1	1/2	8	7	1/2
防渗体	5	7	2	1	9	8	1
下游护坡	1/5	1/3	1/8	1/9	1	1/2	1/9
排水体	1/4	1/2	1/7	1/8	2	1	1/8
坝基	5	7	2	1	9	8	1

判断矩阵的一致性检验:层次分析法赋权需通过计算矩阵的最大特征根来进行一致性检验,若对检验结果不满意,则需重新确定判断矩阵,直至满意。经计算,该判断矩阵的最大特征值 $\lambda_{max} = 7.29$,计算一致性指标 C. I. $= (\lambda_{max} - n)/(n-1) = 0.048\ 3$。为评价层次总排序的计算结果一致性,需计算与层次单排序类似的检验量:

$$\text{C. R.} = \frac{\text{C. I.}}{\text{R. I.}} = \frac{0.048\ 3}{1.32} = 0.036\ 6 < 0.1 \tag{1-4-8}$$

式中:C. I. 为层次总排序一致性指标;R. I. 为层次总排序随机一致性指标,当 $n = 7$ 时,R. I. $= 1.32$;C. R. 为层次总排序随机一致性比率。

所以,认为判断矩阵具有满意的一致性。该判断矩阵可用来确定权重。

根据公式 $W_i = \left(\prod_{j=1}^{n} b_{ij}\right)^{1/n} / \sum_{i=1}^{n} \left(\prod_{j=1}^{n} b_{ij}\right)^{1/n}$ 可确定各因素的权重,并进行归一化处理。经计算第一层次指标的权向量为 $A = (0.084, 0.044, 0.208, 0.306, 0.022, 0.031, 0.306)$,见表 1-4-2。

表 1-4-2 九标度层次分析法确定第一层次评价指标的权重

项目	上游护坡	防浪墙	坝体	防渗体	下游护坡	排水体	坝基
权重	0.084	0.044	0.208	0.306	0.022	0.031	0.306

4.4.3.4 三标度层次分析法确定权重

三标度层次分析法也是将人的判定定量化,建立判断矩阵,进而求解权重。根据各单项指标的相对重要性,按照重要性比较标度(0,1,2)进行划分。1 为两个因素同等重要;2 为两个因素相比,一个比另一个重要;0 为两个因素相比,一个不如另一个重要。将各单项指标进行两两比较,并赋予相应的比较标度值,以此为基础构造判断矩阵。以土坝耐久性评价的第一层次指标说明权重的计算方法。首先由权威、知名的专家对指标的重要性进行评价,经综合讨论确定两两比较的判断矩阵,该矩阵称为三标度矩阵[见式(1-4-9)],

它表示了各因素之间相对于上一层某一因素的重要性或有利性关系。

$$C = \begin{pmatrix} c_{11} & c_{12} & \cdots & c_{1n} \\ c_{21} & c_{22} & \cdots & c_{2n} \\ \vdots & \vdots & & \vdots \\ c_{n1} & c_{n2} & \cdots & c_{nn} \end{pmatrix} = \begin{pmatrix} 1 & 2 & 0 & 0 & 2 & 2 & 0 \\ 0 & 1 & 0 & 0 & 2 & 2 & 0 \\ 2 & 2 & 1 & 0 & 2 & 2 & 0 \\ 2 & 2 & 2 & 1 & 2 & 2 & 1 \\ 0 & 0 & 0 & 0 & 1 & 0 & 0 \\ 0 & 0 & 0 & 0 & 2 & 1 & 0 \\ 2 & 2 & 2 & 1 & 2 & 2 & 1 \end{pmatrix} \quad (1\text{-}4\text{-}9)$$

其中，

$$c_{ij} = \begin{cases} 2 & 第\,i\,个元素比第\,j\,个元素重要 \\ 1 & 第\,i\,个元素与第\,j\,个元素同等重要 \\ 0 & 第\,i\,个元素不如第\,j\,个元素重要 \end{cases}$$

三标度矩阵并不能准确地反映各因素在某准则下的相对重要性程度，因此必须将其变换成具有层次分析法特点和性质的判断矩阵，即 AHP 间接判断矩阵。

计算各因素的排序指数 r_i，见式（1-4-10）。

$$r_i = \sum_{j=1}^{n} c_{ij} \quad (i = 1,2,\cdots,n) \quad (1\text{-}4\text{-}10)$$

由三标度矩阵［式（1-4-9）］可得：$r_{1\sim7} = (7,5,9,12,1,3,12)$。

找出最大排序指数 r_{max} 和最小排序指数 r_{min}，见式（1-4-11）。

$$r_{max} = \max_{1\leqslant i\leqslant n}\{r_i\} = 12 \qquad r_{min} = \min_{1\leqslant i\leqslant n}\{r_i\} = 1 \quad (1\text{-}4\text{-}11)$$

以 C_{max}、C_{min} 分别表示与 r_{max}、r_{min} 对应的因素，则当选取 C_{max}、C_{min} 作为基点比较因素，并按九标度数值给出这个基点的相对重要性程度后，利用下面的变换式可求得反映各因素间相对重要性程度的 AHP 间接判断矩阵。

$$D = \begin{pmatrix} d_{11} & d_{12} & \cdots & d_{1n} \\ d_{21} & d_{22} & \cdots & d_{2n} \\ \vdots & \vdots & & \vdots \\ d_{n1} & d_{n2} & \cdots & d_{nn} \end{pmatrix} = \begin{pmatrix} 1 & 3 & 1/3 & 1/6 & 7 & 5 & 1/6 \\ 1/3 & 1 & 1/5 & 1/8 & 5 & 3 & 1/8 \\ 3 & 5 & 1 & 1/4 & 9 & 7 & 1/4 \\ 6 & 8 & 4 & 1 & 12 & 10 & 1 \\ 1/7 & 1/5 & 1/9 & 0 & 1 & 1/3 & 0 \\ 1/5 & 1/3 & 1/7 & 0 & 3 & 1 & 0 \\ 6 & 8 & 4 & 1 & 12 & 10 & 1 \end{pmatrix} \quad (1\text{-}4\text{-}12)$$

其中，

$$d_{ij} = \begin{cases} \dfrac{r_i - r_j}{r_{max} - r_{min}}(d_m - 1) + 1 & r_i - r_j \geqslant 0 \\[3mm] 1 & r_{max} = r_{min} \\[3mm] \left[\dfrac{r_i - r_j}{r_{max} - r_{min}}(d_m - 1) + 1\right]^{-1} & r_i - r_j \leqslant 0 \end{cases}$$

$d_m = r_{max}/r_{min}(d_m \geqslant 1)$ 为变换系数，表示 C_{max} 与 C_{min} 比较时按某种标度给出的重要

程度。

由 AHP 原理可知:求解出间接判断矩阵的最大特征值 λ_{max} 及对应的特征向量 $\boldsymbol{\omega}$,将其归一化后即为某一层的有关因素相对于上一层相关因素的权重值。经计算:该间接判断矩阵的最大特征值 $\lambda_{max} = 7.54$,计算一致性指标 C.I. $= (\lambda_{max} - n)/(n-1) = 0.0904$。为评价层次总排序的计算结果一致性,需计算与层次单排序类似的检验量:

$$C.R. = \frac{C.I.}{R.I.} = \frac{0.0904}{1.32} = 0.068 < 0.1$$

所以认为判断矩阵具有满意的一致性。该判断矩阵可用来确定权重。经计算确定的权向量为 $\boldsymbol{A} = (0.081, 0.045, 0.146, 0.343, 0.015, 0.025, 0.343)$,权重见表 1-4-3。

表 1-4-3　三标度层次分析法确定第一层次评价指标的权重

项目	上游护坡	防浪墙	坝体	防渗体	下游护坡	排水体	坝基
权重	0.081	0.045	0.146	0.343	0.015	0.025	0.343

4.4.3.5　不确定性区间排序确定权重

1. 隶属度区间表示

对于多属性决策问题,设 $U = \{u_1, u_2, \cdots, u_n\}$ 为目标集,决策者(专家)对 U 中方案进行两两比较。考虑到客观事物的复杂性以及人类思维的模糊性,决策者一般喜欢直接用"稍稍""明显""非常"等模糊语言形式表达自己的偏好,没有定性的判断,因此采用区间型表示方法。为此,在参考陈守煜教授提出的 10 个语气算子级差与相对隶属度数值的基础上,给出一种模糊语言标度及其隶属度,以及与之相对应的区间数表现形式。同样的语言标度区间为 0.5,相对应的隶属度为 1.0;"稍稍"的语言标度区间为 $[0.5, 0.55]$,其他见表 1-4-4。

表 1-4-4　不同的语气算子的语言标度与隶属度的区间数表示

语气算子	语言标度	隶属度
同等	0.50	1
略为	0.50,0.55	0.818,1.0
稍微	0.55,0.60	0.667,0.818
较为	0.60,0.65	0.538,0.667
明显	0.65,0.70	0.429,0.538
显著	0.70,0.75	0.333,0.429
十分	0.75,0.80	0.25,0.333
非常	0.80,0.85	0.175,0.25
极其	0.85,0.90	0.111,0.175
极端	0.90,0.95	0.053,0.111
无可比拟	0.95,1	0,0.053

2. 可能度及权重确定

记 $a = [a^-, a^+] = \{t \mid 0 < a^- \leqslant t \leqslant a^+\}$，称 a 为一个区间数。

假设区间数 $a = [a^-, a^+]$，$b = [b^-, b^+]$（实数可以看成是两端相同的退化区间），则区间数序关系如下。

（1）当 a、b 均为实数时，

$$p(a>b) = \begin{cases} 1 & a>b \\ 0 & a \leqslant b \end{cases} \tag{1-4-13}$$

为 $a>b$ 的可能度，在此表示为 a 比 b 重要的可能程度。

（2）当 a、b 同时为区间数或者有一个为区间数时，记 $L(a) = a^+ - a^-$，$L(b) = b^+ - b^-$，

$$p(a \geqslant b) = \max\left\{1 - \max\left[\frac{b^+ - a^-}{L(a) + L(b)}, 0\right], 0\right\} \tag{1-4-14}$$

为 $a \geqslant b$ 的可能度，为 a 比 b 重要的可能程度。

在此定义下，$p(a \geqslant b)$ 具有下述性质：

①若 $p(a \geqslant b) = p(b \geqslant a)$，则 $p(a \geqslant b) = p(b \geqslant a) = 1/2$；

②$p(a \geqslant b) + p(b \geqslant a) = 1$（互补性）；

③若 $a^+ \leqslant b^-$，则 $p(a \geqslant b) = 0$；

④若 $a^- \geqslant b^+$，则 $p(a \geqslant b) = 1$。

设模糊互补判断矩阵 A，则由最小方差法（LVM）求得的排序向量 $w = (w_1, w_2, \cdots, w_n)^{\mathrm{T}}$ 满足：

$$w_i = \frac{1}{n(n-1)}\left(\sum_{j=1}^{n} p_{ij} - 1 + \frac{n}{2}\right), i \in \Omega \tag{1-4-15}$$

引入拉格朗日函数

$$L(w, \lambda) = F(w) + \lambda\left(\sum_{j=1}^{n} w_i - 1\right) \tag{1-4-16}$$

令 $\dfrac{\partial L}{\partial w_i} = 0$，得：

$$-2\left(\sum_{j=1}^{n} p_{ij} - n w_i + 1 - \frac{n}{2}\right) + \lambda = 0, i \in \Omega \tag{1-4-17}$$

式（1-4-17）两边对 i 求和，有：

$$-2\left(\sum_{i=1}^{n}\sum_{j=1}^{n} p_{ij} - \frac{n^2}{2}\right) + \lambda = 0 \tag{1-4-18}$$

根据模糊互补判断矩阵性质可知：

$$\sum_{i=1}^{n}\sum_{j=1}^{n} p_{ij} = \frac{n^2}{2} \tag{1-4-19}$$

因此，把式（1-4-19）代入式（1-4-18）得 $\lambda = 0$，把 $\lambda = 0$ 代入式（1-4-17）并化简，有：

$$w_i = \frac{1}{n(n-1)}\left(\sum_{j=1}^{n} p_{ij} - 1 + \frac{n}{2}\right), i \in \Omega$$

基于模糊语言评估的多属性决策方法在上述模糊语言评价和区间数比较的可能度公

式的基础上,给出多属性决策确定权重的一种方法,具体步骤如下:

(1)设 x 为某一多属性决策问题的方案集,G 为属性集,w 为属性的权重向量,设决策者给出方案 x_i 在属性 G_j 下的模糊语言评价值(属性值)r_{ij},并得到评价矩阵 $\boldsymbol{R}$。

(2)利用式(1-4-14),对 $r_i(i \in N)$ 进行两两比较,记 $p_{ij} = \boldsymbol{p}(r_i \geqslant r_j)$,并建立可能度矩阵:

$$\boldsymbol{p} = (p_{ij})_{n \times m} \tag{1-4-20}$$

由可能度定义可知,矩阵 $\boldsymbol{p}$ 是互补判断矩阵,利用(1-4-15)中给出的简洁的排序公式进行求解:

$$w_i = \frac{1}{n(n-1)}\left(\sum_{j=1}^{n} p_{ij} - 1 + \frac{n}{2}\right), i \in N \tag{1-4-21}$$

得到矩阵 $\boldsymbol{p}$ 的排序向量 $\boldsymbol{w} = (w_1, w_2, \cdots, w_n)^{\mathrm{T}}$。

(3)利用 $w_i(i \in N)$ 对区间数 $r_i(i \in N)$ 进行排序,进而对方案 $x_i(i \in N)$ 进行排序并优选。

以坝体耐久性评价的第一层次指标为例,说明计算方法。根据大坝各分区的重要程度和专家的评价,按坝基=防渗体>坝体>上游护坡>防浪墙>排水体>下游护坡为顺序的隶属度区间值为:[1.0,1.0]、[1.0,1.0]、[0.667,0.818]、[0.429,0.538]、[0.250,0.333]、[0.175,0.333]、[0.053,0.111]。由可能度公式和权重计算公式计算权重,结果列于表1-4-5。

表1-4-5　4个指标区间数可能度法计算权重结果

指标	区间		L	可能度 p_{ij}							权重	
											归一前	归一后
上游护坡	0.429	0.538	0.109	0.500	1.000	0	0	1.000	1.000	0	6.000	0.143
防浪墙	0.250	0.333	0.083	0	0.500	0	0	1.000	0.656	0	4.656	0.111
坝体	0.667	0.818	0.151	1.000	1.000	0.500	0	1.000	1.000	0	7.000	0.167
防渗体	1.000	1.000	0	1.000	1.000	1.000	0.500	1.000	1.000	0.500	8.500	0.202
下游护坡	0.053	0.111	0.058	0	0	0	0	0.500	0	0	3.000	0.071
排水体	0.175	0.333	0.158	0	0.344	0	0	1.000	0.500	0	4.344	0.103
坝基	1.000	1.000	0	1.000	1.000	1.000	0.500	1.000	1.000	0.500	8.500	0.202

注:L 为拉格朗日函数值。

4.4.3.6　第一层次指标的权重

由以上3种方法确定的坝体质量评价的第一层权重指标汇总见表1-4-6。

传统的层次分析法采用九标度层次分析法将人们的判断定量化,建立判断矩阵,进而求解权重。该方法在很大程度上依赖于人们的经验,主观因素的影响很大,无法排除决策者个人可能存在的严重片面性,并且从心理学角度来看,九个标度的分级超越了人们的判断能力,既增加了判断的难度,又容易提供不真实的数据,因此该方法存在一定的不足。

表 1-4-6　权重指标汇总

指标	权重			平均值
	九标度层次分析法	三标度层次分析法	区间法	
上游护坡	0.084	0.081	0.143	0.103
防浪墙	0.044	0.045	0.111	0.067
坝体	0.208	0.146	0.167	0.174
防渗体	0.306	0.343	0.202	0.284
下游护坡	0.022	0.015	0.071	0.036
排水体	0.031	0.025	0.103	0.053
坝基	0.306	0.343	0.202	0.284

　　三标度层次分析法和区间法都是在九标度层次分析法的基础上的权重确定方法的改进,三标度层次分析法从采用减小判断难易程度进行改进,而区间法判断的模糊性的评价。

　　区间法是考虑到客观事物的复杂性及人类思维的模糊性,决策者不能够确切指出对方案比较的重要性程度判断的确定信息或模糊信息的分布形式,而只能给定其分析的范围——区间数形式。

　　实际上 3 种方法都是建立在人的判断基础上的权重分析方法,三标度层次分析法和九标度层次分析法给出判断的确切信息,而区间法采用了判断信息的区间不确定表达。因此,3 种方法的计算权重都比较合理,但也存在各自的不足,为消除各种方法对权重的人为因素的影响,采用三者的平均值作为大坝耐久性评价的权重,即 $A = (0.103, 0.067, 0.174, 0.284, 0.036, 0.053, 0.284)$。

4.4.3.7　第二层次指标的权重

　　第二层次 $U_{11} \sim U_{73}$ 共 17 个指标分别属于 7 个因素。上游护坡由块石护坡体和反滤层组成,任何一部分的损坏都会同样造成护坡失效,专家认为块石护坡体和反滤层对上游护坡的重要性一样。排水体由表面块石护砌体和反滤层组成,护砌体相对反滤层来说,位于坝体表面,问题更容易被发现,并能及时检修,而反滤层为隐蔽工程,一旦有外部破坏特征,反滤层就基本失效,且维修不方便,专家认为块石护坡体对排水体的作用比反滤层稍微重要。坝基有松散层坝基和基岩坝基,松散层坝基容易产生渗透破坏,且隐蔽性强,而岩基多是出现防渗不满足要求,而产生渗透破坏的可能性较小,专家认为松散层坝基与岩基相比明显重要,并分别对防浪墙、坝体、防渗体和下游护坡 4 个因素集的指标重要程度量化,采用确定权重的 3 种方法计算,各因素的权重指标集分别为

$$A_1 = (0.3, 0.4, 0.3); \quad A_2 = (0.5, 0.5); \quad A_3 = (0.4, 0.3, 0.3);$$
$$A_4 = (0.3, 0.7); \quad A_5 = (0.5, 0.5); \quad A_6 = (0.8, 0.2); \quad A_7 = (0.3, 0.4, 0.3)$$

4.4.3.8　第三层次指标的权重

因素 U_2 上游护坡、因素 U_4 排水体、因素 U_6 坝基有第三层次指标。经专家打分、度量，经计算第三层次指标的权重指标集分别为：

$$A_{21} = (0.3, 0.4, 0.3)；\quad A_{22} = (0.35, 0.3, 0.35)；\quad A_{41} = (0.3, 0.4, 0.3)；$$
$$A_{42} = (0.35, 0.3, 0.35)；\quad A_{61} = (0.33, 0.33, 0.33)；\quad A_{62} = (0.5, 0.5)$$

4.5　指标隶属度的确定

在体系评价中，最重要和基本的问题是评价指标隶属度的确定，它是评价的基础和出发点。

对于多种不确定性的处理最好的方法为盲数，它计算方法简单，便于应用。对于一个指标的评价可以采用盲数表示为

$$f(x) = \begin{cases} a_1 & x = A \\ a_2 & x = B \\ a_3 & x = C \\ a_4 & x = D \end{cases} = \begin{cases} a_1 & x = [1.0, 0.8] \\ a_2 & x = [0.8, 0.6] \\ a_3 & x = [0.6, 0.4] \\ a_4 & x = [0.4, 0] \end{cases} \qquad (1\text{-}4\text{-}22)$$

式中：a_i 为 $x = x_i (i = 1, 2, 3, 4)$ 的可信度，也就是属于哪个评价标准的隶属程度，$a_1 + a_2 + a_3 + a_4 = 1$。

在评价中，可信度 a_i 的求解是评价准确性的关键。评价指标中存在定量指标和定性指标。

定量指标是可以用具体数值度量的指标。由于定量指标的度量单位(量纲)和取值范围不尽相同，不具有可比性，因此在评价标准中都进行了处理，消除指标间度量单位和取值范围的差异，并将其值与评价指标间建立了映射关系。通过试验或计算，随机抽取一定的样本数据，根据样本在评价取值的分布求取相应的可信度。盲数理论与其他计算方法(模糊数学、灰色理论)的最大区别是先进行数据的分类，再进行资料的处理，保留了数据中的不确定性信息。

定性指标一般难于用确切的数值或数学方程来表示，大多只能对其特性做模糊的描述。定性指标的确定一般采用专家打分法。专家打分法以其操作简单、适用性强等特点，在工程界许多定性问题的处理中得到了广泛的应用。但由于专家的水平不同、观察事物的角度不一致，评价结果容易出现随意性，为减少人为因素对判断结果的影响，在评价标准中都建立了评价语与评价指标间的映射关系。专家根据评价对象的特征确定分布某一评价指标的可信度，然后对每一指标的可信度进行加权平均，即为该评价指标的评价结果。

4.6　耐久性评价值的确定

耐久性评价是指对一个具有特定功能的工作系统中固有的或潜在的危险及其严重程度所进行的分析和评价,以既定指数、等级或概率值做出定量的表示,最后根据定量值的大小决定所采取的预防或防护措施。耐久性评价值的计算为

$$V = a_1 A + a_2 B + a_3 C + a_4 D \tag{1-4-23}$$

式中:a_1、a_2、a_3、a_4 为权重;A、B、C、D 为评价对象的评价值。

4.7　小　　结

土坝的评价不仅要了解现状,更重要的是要预测在未来使用期内其挡水能力的变化趋势。由于土坝的不确定性,其寿命很难采用具体的数字表达,本章采用层次分析法对土坝的耐久性进行评价,为对土坝进行系统、全面评价开拓了一个新的思路。其主要成果如下:

(1)对以工程质量为评价标准的评价体系进行了系统分析,该法操作简便,易于在工程实际中应用,但是该法对质量缺陷反应敏感,容易造成病害的放大,结论只表述现状,而不能评价工程未来的变化趋势。同时,没有考虑工程中的不确定性影响因素,容易使结果偏激。

(2)提出了以土坝的耐久性为评价标准的评价方法,建立了老化系数与耐久性的关系,以渐进性老化状况过程作为评价依据,体现了质变与量变之间的辩证规律,充分描述了老化状况从完好到完全不能使用之间存在着过渡状态这一客观事实,对工程的当前质量和未来的使用寿命都有一个客观的评价,评价更接近于工程需要。

(3)针对大坝老化分析评价的具体特点,构建了评价模型,提出了评价原则,建立了以层次分析法为基础的评价体系,易于工程操作。

(4)土坝的不确定性,造成指标的随意性。本章根据山东省土坝的特点,在咨询大量水利专家的基础上,建立了土坝的指标权重,为具体的工程应用奠定了基础。

(5)采用盲数理论对指标的隶属度进行确定,更易于定性指标的量化和求解。

5 土坝主要评价指标的建立

5.1 评价指标建立的原则

评价指标是评价准则的具体研究内容,为了使得评价指标及其标准尽可能具有权威性及可比性,指标及标准的制定要尽量依据现有规范,特别是水工建筑物方面的规范,参考建筑方面的规范。但是,现有规范直接引用到建筑物老化病害的评价,内容不够全面,标准也不是都合适,根据评价的要求,还要划定或调整指标的分级,使之具有可操作性。

评价指标分一般指标与附加指标。一般指标指基本的、普遍要求的评价项目。附加指标则指根据建筑物老化病害状况和地区特点、建筑物特点要求增加的评价项目。与设计规范不一样,准则不包括标准,仅指评价判断依据,评价结果的等级则由指标标准确定。

本书所给的指标一般是老化病害发展进程中某一时段的静态指标,对于尚在发展的病害评价,视其发展速度和对建筑物可靠性的危害程度增加文字说明。这里只涉及建筑物的老化评价,安全性也只针对老化病害的范畴,至于建筑物尚存在洪水冲毁、设计功能不足等导致渗透破坏、坝坡失稳等方面的安全问题,不包括在本次研究范围内。

将每个指标划分为 A、B、C、D 四个等级作为老化病害程度的标准,分别为无老化病害、轻度老化病害、中度老化病害、严重老化病害。这种指标体系的问题,实际上是准则的指标量度问题。要做到定性描述恰如其分、定量数值准确是十分困难的,其难度是实际土坝老化病害程度与表观量测尺寸(广义的)非线性关系。例如:护坡石块径大小的表观量测尺寸与损坏程度就不一致,防渗体的防渗能力亦不能按渗透系数线性规律地反映防渗体的损坏程度。在层次分析模型中的 A、B、C、D 指标值,应当反映一种等差距的老化病害程度分级,而不是等差距的表观量测尺寸分级。因此,对于评判指标划分问题,要基于工程破损机制的研究。本书仅对某些主要指标做了初步探索,有些是依据现有规范所做的改善,有些是通过大量分析研究确定的。

5.2 评价指标体系的建立

5.2.1 护砌体块径

土石坝的基本护砌形式为干砌块石护坡,材料为块石,为确保护砌质量,必须要求护坡石块径满足一定的要求。但护砌体材料因长时间的侵蚀、冻融及风浪冲刷等,会造成某些部位的护坡材料重量减轻或有效尺寸减小,继续运行时会被风浪冲刷出坡面而失去护坡作用,具体影响程度可用块径系数 k_1 评价,见式(1-5-1),评价分级见表 1-5-1。

$$k_1 = \frac{D'_{50}}{D_{50}} \qquad (1\text{-}5\text{-}1)$$

式中：D_{50} 为满足规范要求的计算块石平均直径，cm；D'_{50} 为抽样实测块石直径，cm。

表 1-5-1　护砌体块径评价分级

等级标准	A	B	C	D
病害类型	无老化病害	轻度老化病害	中度老化病害	严重老化病害
评价指标	$1 < k_1$	$0.96 < k_1 \leqslant 1$	$0.92 < k_1 \leqslant 0.96$	$k_1 \leqslant 0.92$

5.2.2　护砌体厚度

护砌体必须满足一定的厚度，才能抵御风浪的淘刷、不均匀风压力的破坏，护砌体厚度评价采用护坡厚度系数 k_2 表示，见式（1-5-2），评价分级见表 1-5-2。

$$k_2 = \frac{t'}{t} \qquad (1\text{-}5\text{-}2)$$

式中：t 为满足规范要求的计算块石厚度，cm；t' 为实际实测抽样块石厚度，cm。

表 1-5-2　护砌体厚度评价分级

等级标准	A	B	C	D
病害类型	无老化病害	轻度老化病害	中度老化病害	严重老化病害
评价指标	$1 < k_2$	$0.96 < k_2 \leqslant 1$	$0.92 < k_2 \leqslant 0.96$	$k_2 \leqslant 0.92$

5.2.3　护砌体完整度

根据《碾压式土石坝设计规范》（SL 274—2020）的要求，土坝坝坡应有一定的护坡面积，上游坝面由坝顶起护至最低水位以下一定距离；下游坝面由坝顶护至排水棱体，无排水体护至坝脚，但是经过一段时间的运行之后，特别是经过风浪冲击、风化剥蚀，造成部分护坡缺失，或原护坡就不完整，因而达不到设计要求，其完整程度称为护砌体完整度，用 f_1 表示，见式（1-5-3），评价分级见表 1-5-3。

$$f_1 = \frac{A_1}{A_0} \qquad (1\text{-}5\text{-}3)$$

式中：A_1 为当前完整的护坡面积，m²；A_0 为规范要求应达到的护坡面积，m²。

表 1-5-3　护砌体完整度评价分级

等级标准	A	B	C	D
病害类型	无老化病害	轻度老化病害	中度老化病害	严重老化病害
评价指标	$1 \leqslant f_1$	$0.90 < f_1 < 1$	$0.80 < f_1 \leqslant 0.90$	$f_1 \leqslant 0.80$
状态描述	满足规范护砌范围	水位变动带护砌完整	水位变动带有局部缺少	水位变动带缺少较多

5.2.4　护砌体损毁度

材料合格是护砌体满足要求的必要条件,但满足要求的工程质量是护砌体发挥作用的有力保障。砌体的损坏主要表现在砌体松动、塌陷和架空。一般发生在兴利水位和死水位之间,形成的原因较复杂,主要有护坡设计或施工不合格,如块径小、垫层不合理、砌筑质量差、料石风化、风浪冲刷和坝体碾压不实等。因此,可以采用砌体损毁系数综合反映其损坏状况。多采用水位变动带的损毁情况来综合反映实际的破坏状态,其损毁程度称为线损毁度,用 f_2 表示,见式(1-5-4),评价分级见表1-5-4。

$$f_2 = \frac{L_2}{L_2'} \tag{1-5-4}$$

式中: L_2 为砌体损毁区域沿坝轴线的线长度,m; L_2' 为整个砌体区沿坝轴线的线长度,m。

表 1-5-4　护砌体损毁评价分级

等级标准	病害类型	线损坏率	状态描述
A	无老化病害	$f_2 = 1$	质地致密的硬岩石料,无风化,砌筑紧密、完整、表面平整,无松动、塌陷、架空、脱坡现象
B	轻度老化病害	$0.90 < f_2 < 1$	质地致密的硬岩石料,风化较弱,砌筑紧密、完整、表面较平整,仅见局部有松动、塌陷、架空、脱坡现象
C	中度老化病害	$0.80 < f_2 \leqslant 0.90$	石料为硬岩石料,软化系数大于0.8,轻微风化,砌筑较紧密,表面较平整,仅见少部有松动、塌陷、架空、脱坡现象
D	严重老化病害	$f_2 \leqslant 0.80$	石料质量差,风化严重,表面不平整,砌体松动、塌陷、架空现象明显

5.2.5　反滤层

土坝是由不同材料的分区组成的,若坝体各土料之间的粒径特征不符合一定的要求,在渗透力的作用下,容易发生渗透破坏,必须设置反滤层,良好的反滤层是防止坝体发生渗透破坏的有力保证。设置反滤层的部位主要是护坡与坝体之间、砂壳与防渗体之间、下游坝脚排水体。规范规定反滤层必须符合下列要求:材料质地致密,抗水性和抗风化性能满足工程运用条件的要求;反滤料和排水体料中粒径小于0.075 mm的颗粒含量应不超过5%;具有要求的级配和透水性,使被保护土不发生渗透变形;渗透性大于被保护土,能通畅地排出渗透水流;不致被细粒土淤塞失效。因此,合格的反滤层必须从三个方面满足要求:反滤料粒径特征、反滤层厚度和压实度。各指标的评价分级见表1-5-5。

表 1-5-5 反滤层评价分级

指标	等级标准	病害类型	状态描述
反滤料粒径特征	A	无老化病害	每层粒径特征严格符合太沙基准则和规范要求。材料质地致密,抗水性和抗风化性能良好,无黏土和风化颗粒
	B	轻度老化病害	每层粒径特征基本符合太沙基准则和规范要求,粒径差异小于10%。材料质地致密,软化系数大于0.9,黏粒含量不超过5%,偶见风化颗粒
	C	中度老化病害	每层粒径特征基本符合太沙基准则和规范要求,粒径差异小于20%。材料质地致密,软化系数大于0.85,黏粒含量不超过10%,风化颗粒较多
	D	严重老化病害	每层粒径特征不符合太沙基准则和规范要求,粒径差异大于20%。材料质地差,黏粒含量多,抗风化性能差
反滤层厚度	A	无老化病害	层数满足规范要求;厚度均大于规范要求,且大于当地冻土层厚度
	B	轻度老化病害	层数满足规范要求;厚度基本满足规范要求,仅局部有偏差,小于10%;大于当地冻土层厚度
	C	中度老化病害	层数基本满足规范要求;厚度基本满足规范要求,仅局部有偏差,小于20%;基本满足当地冻土层厚度要求,误差在10%以内
	D	严重老化病害	层数不满足规范要求或厚度普遍不满足规范要求,偏差大于20%;或小于当地冻土层厚度
压实度	A	无老化病害	压实度均大于0.75
	B	轻度老化病害	压实度均大于0.70
	C	中度老化病害	压实度在0.60~0.70
	D	严重老化病害	压实度小于0.60

注:表中规范指《碾压式土石坝设计规范》(SL 274—2020)。

5.2.6 防浪墙

土石坝上游侧一般设有防浪墙,墙顶应高出坝顶 $1.00 \sim 1.20$ m。防浪墙除防浪外,在特殊情况下还要有挡水功能,所以除要求防浪墙进行强度和稳定复核外,并要求设伸缩缝及止水设施。因此,要求防浪墙应坚固不透水,其结构尺寸满足稳定和强度要求,底部与防渗体紧密接合。根据以上条件,对防浪墙老化病害从三个方面进行评价:外观质量、强度和稳定性、底部接触情况,各指标的评价分级见表1-5-6。

表 1-5-6　防浪墙评价分级

等级标准	病害类型	外观质量	强度、稳定性	接触防渗描述
A	无老化病害	墙体完整,无裂缝,无倾斜现象。砂浆饱满,无脱落、剥蚀现象	强度满足相关规范要求;稳定系数大于1.2	墙底基础完整,与防渗体紧密嵌接,形成良好的防渗体系
B	轻度老化病害	墙体完整,无断裂缝,倾斜度在2°内。砂浆脱落、剥蚀率在10%以内,不影响外观特征	强度满足相关规范要求;稳定系数大于1.1	墙底基础完整,与防渗嵌接,仅局部夹薄层弱透水层
C	中度老化病害	墙体少量缺失,无断裂缝,无倾斜现象。倾斜度在5°内。砂浆脱落、剥蚀率在20%以内	强度基本满足相关规范要求;稳定系数大于1.0	墙底基础完整,与防渗体平接,仅局部夹薄层弱透水层
D	严重老化病害	墙体不完整,有断裂缝,或倾斜度大于5°。砂浆脱落、剥蚀严重,面积大于20%	强度不满足相关规范要求;稳定系数小于1.0	墙底与防渗体接触带为强透水层

5.2.7　软弱(松散)层

　　软弱(松散)层一般是坝体填筑时碾压不实或坝体长期在渗流作用下细颗粒流失导致土料压实度(或相对密度)降低形成的。压实度(或相对密度)低于正常值的土层,称为软弱(松散)层。土料密实度降低,会使其主要工程性质指标均有所恶化,甚至引起坝体不均匀沉降、裂缝、渗漏、滑坡等病害。因此,坝体密实度必须满足规范要求,才能满足坝体的稳定性能。软弱(松散)层采用压实度(或相对密度)进行评价,根据规范制定的评价分级见表 1-5-7、表 1-5-8。

表 1-5-7　黏性土软弱层评价分级

等级标准	病害类型	压实度 D	状态描述
A	无老化病害	$0.96 \leqslant D$	压实度均满足要求,无软弱层
B	轻度老化病害	$0.93 \leqslant D < 0.96$	软弱层规模较小,不会引起不均匀沉降、裂缝、渗漏或滑坡等现象
C	中度老化病害	$0.90 \leqslant D < 0.93$	软弱层有一定规模,有可能引起不均匀沉降、裂缝、渗漏或滑坡
D	严重老化病害	$D < 0.90$	软弱层规模较大,易引起不均匀沉降、裂缝、渗漏或滑坡

表 1-5-8　砂性土松散层评价分级

等级标准	病害类型	相对密度 D_r	状态描述
A	无老化病害	$0.70 \leqslant D_r$	相对密度均满足要求,无松散层
B	轻度老化病害	$0.67 \leqslant D_r < 0.70$	松散层规模较小,不会引起不均匀沉降、裂缝、渗漏或滑坡等现象
C	中度老化病害	$0.33 \leqslant D_r < 0.67$	松散层有一定规模,有可能引起不均匀沉降、裂缝、渗漏或滑坡
D	严重老化病害	$D_r < 0.33$	松散层规模较大,易引起不均匀沉降、裂缝、渗漏或滑坡

5.2.8　坝体材料

合格的材料是坝体的基本保证。不同坝体分区处的材料在坝体中所起的作用不同,对材料的要求也不同,选取材料的基本原则是:具有或经加工处理后具有与其使用目的相适应的工程性质,并具有长期稳定性。评价分级见表 1-5-9。

表 1-5-9　坝体材料评价分级

等级标准	病害类型	状态描述
A	无老化病害	渗透系数、水溶盐含量、有机质含量均符合规范规定值,有良好的塑性和渗透稳定性;浸水与失水时体积无变化
B	轻度老化病害	渗透系数、水溶盐含量、有机质含量基本符合规范规定值,不符合规范规定范围和数值在 10% 以内,有较好的塑性和渗透稳定性;无湿陷性和膨胀性
C	中度老化病害	渗透系数、水溶盐含量、有机质含量基本符合规范规定值,不符合规范规定范围和数值在 20% 以内,有较好的塑性和渗透稳定性;无湿陷性和膨胀性
D	严重老化病害	土性质量差,渗透系数、水溶盐含量、有机质含量不符合规范规定值的范围在 20% 以上,具有湿陷性或膨胀性,塑性和渗透稳定性差

5.2.9　土坝变形

土坝和土基发生固结、沉陷和水平位移是必然的客观现象。研究土坝的变形,目的在于了解土坝实际发生的变形是否符合客观规律,是否在正常范围之内。如果土坝变形存在异常现象,就可能是发生裂缝或滑坡等破坏的迹象。对于在役建筑物,由固结和沉降引起的变形已基本稳定,而由渗透破坏、地震等引起的变形可能存在,外观现象主要表现为裂缝,因此土坝裂缝的控制,是控制坝体变形的主要参数。

　　土坝裂缝是较为常见的现象,有的裂缝在坝体表面就可以看到,有的隐藏在坝体内部,要开挖检查才能发现。裂缝宽度,最窄的不到 1 mm,宽的可达 0.5 m,有的甚至更大;裂缝的长度不等,短的不到 1 m,长的达数十米,甚至更长;裂缝的深度,有的不到 1 m,有的深达坝基;裂缝的走向有平行坝轴线的纵缝,有垂直坝轴线的横缝,还有不规则的倾斜裂缝。无论什么性质的裂缝,对土坝的正常使用都有不利的影响,其中危害最大的是贯穿坝体的横向裂缝、水平裂缝以及滑坡裂缝,它直接威胁坝体的稳定性。其中,横向裂缝易发展为穿过坝身的渗流通道,若不及时修复,可使土石坝在很短的时间内冲毁。如果裂缝发生在防渗体内部,也将使防渗体断裂成为渗流通道而失去防渗作用。坝底内部裂缝主要是由于地基内存在局部大孔隙性土壤,在清基时未加处理,浸水后形成局部下陷,而坝体在局部下沉部位两侧地基的支撑下,存在拱效应,造成中间脱空现象而出现裂缝,使得坝体底部漏水,严重时出现溃坝。

　　根据以上情况可知,土坝裂缝是引起土坝破坏的主要因素之一。因此,在进行大坝老化评价时,须对裂缝的长度、宽度、深度、条数、范围、位置等进行详细测定,以便综合确定其影响等级,评价分级见表 1-5-10。

表 1-5-10　土坝变形评价分级

等级标准	病害类型	特征描述	裂缝尺寸		
			长度/m	深度/m	宽度/mm
A	无老化病害	没有裂缝,或仅有一些冻融、干缩龟裂,缝口较窄,深度较浅,对坝体安全不构成影响	<0.5	≤0.1	
B	轻度老化病害	不均匀沉降产生的纵缝、横缝、斜缝或不规则裂缝,规模较小,对坝体安全影响甚微	0.5~1.0	≤0.2	≤1.0
C	中度老化病害	有一定规模的纵缝、横缝、斜缝、水平裂缝,以及规模较小的滑坡裂缝,对坝体安全构成一定威胁	1.0~5.0	≤0.3	≤5.0
D	严重老化病害	有渗透变形产生的裂缝,规模较大的滑坡裂缝,较大的纵缝和水平裂缝,跨越坝顶、坝坡或穿过心墙的横缝、斜缝,尤其是已有渗流出逸的裂缝,对坝体安全构成严重威胁	>5.0	>0.3	>5.0

5.2.10　渗透变形

　　渗透变形是引起土石坝破坏的主要因素之一,它一般有管涌、流土、接触冲刷和接触流土 4 种形式。渗透稳定评价采用最大坡降与允许比降的比值 k_3 表示,见式(1-5-5),评价分级见表 1-5-11。

$$k_3 = \frac{J_{\max}}{[J]} \tag{1-5-5}$$

式中：$J_{\max}$ 为最大实际水力坡降；$[J]$ 为允许水力坡降。

表 1-5-11　渗透稳定评价分级

等级标准		A	B	C	D
病害类型		无老化病害	轻度老化病害	中度老化病害	严重老化病害
评价指标	黏性土	$k_3 < 1$	$1 \leqslant k_3 < 1.5$	$1.5 \leqslant k_3 < 2$	$2 \leqslant k_3$
	无黏性土	$k_3 < 1$	$1 \leqslant k_3 < 1.25$	$1.25 \leqslant k_3 < 1.5$	$1.5 \leqslant k_3$

5.2.11　渗漏

土石坝的坝体和坝基都有一定的透水性,渗漏现象是不可避免的。渗漏有正常渗漏和异常渗漏之分。渗漏量符合设计要求,漏水为清水,渗流从导渗排水设施排出,不会引起土体发生渗透变形,称为正常渗漏;反之,渗漏集中,并带有泥沙颗粒或渗漏量大影响蓄水兴利的,可能引起土体产生渗透变形,则称为异常渗漏。渗透变形是引起土石坝破坏的重要因素,土石坝异常渗漏多出现在大坝的接茬、裂缝、坝体和基础接合部位,坝体与岸边和刚性建筑物接触部位以及施工质量薄弱的地方,渗漏量与气温、水库水温、水位变化及基岩接触处有无渗漏、渗漏位置等有关,渗漏常伴有渗水的水温、颜色、浑浊度等发生变化的外表特征。渗漏采用现状描述进行评价,评价分级见表 1-5-12。

表 1-5-12　渗漏评价分级

等级标准	病害类型	状态描述
A	无老化病害	渗漏量随蓄水后库水位的上升而增加,但达到正常蓄水位后不久即有不变或减少的趋势。渗漏量小且比较稳定,没有集中渗流
B	轻度老化病害	渗漏量稳定不变或者渗漏量比较小但测压管水位异常。渗水为清水,无水温变化
C	中度老化病害	①渗漏量随蓄水位的变化而变化明显,水位增高渗漏量明显变大。影响水库的正常兴利; ②坝脚出现集中渗漏且渗漏量有增大的趋势或渗水逐渐变浑,有坝体产生渗漏破坏的前兆; ③渗漏量突然减少或中断(坝体内部渗漏进一步恶化),渗漏带渗漏异常特征加剧; ④排水体以上坝坡出现渗漏现象
D	严重老化病害	渗漏量大,影响水库的正常兴利。集中出流、渗水变浑等异常渗漏特征明显,并且有向不利方向发展的趋势

5.2.12 下游护坡

在北方地区基本没有蚁穴等的破坏。下游虽不直接承受库水的风浪淘刷等破坏作用,但也担负着保护坝面不受冲刷破坏、雨水的汇集流出。坝面一般采用草皮护坡,坝坡按规定要求修一定的排水沟,只要草皮茂密,没有明显的冲刷破坏,排水沟密度符合规范要求,不存在明的破坏作用,即能对下游坝坡起到明显的保护作用。

草皮的质量和冲刷破坏情况是评价的根本依据,冲刷泛指库水、雨水和渗水对坝坡的冲刷,是土坝常见病害。可用冲刷系数 k_4 来反映冲刷状况,见式(1-5-6),其物理意义是坝坡总面积内冲刷损坏的平均深度。评价分级见表1-5-13。

$$k_4 = h_4 S_4 \qquad (1\text{-}5\text{-}6)$$

式中:h_4 为冲刷处平均冲刷深度,cm;S_4 为相对冲刷面积率,即冲刷面积与被检测面积的比值。

表 1-5-13 下游护坡冲刷老化损坏评价分级

等级标准	病害类型	坝面冲刷系数	草皮质量	排水沟
A	无老化病害	$k_4 \leqslant 1/20h$	草皮茂盛,草种适应力广,固土能力强,无病害,覆盖率在95%以内	密度符合规范要求,无淤堵破坏现象
B	轻度老化病害	$1/20h < k_4 \leqslant 1/10h$	草皮茂盛,草种适应力广,固土能力较强,无病害,覆盖率在90%以内	密度符合规范要求,存在轻微的淤堵破坏现象
C	中度老化病害	$1/10h < k_4 \leqslant 1/5h$	草皮较好,固土能力较强,无病害,覆盖率在80%以内	密度在规范要求的80%以内,淤堵破坏率在20%范围内
D	严重老化病害	$1/5h < k_4$	草皮覆盖率在80%以下,草皮固土能力差	密度不符合规范要求,或存在严重的淤堵破坏现象

注:表中 h 为草皮根系密集层厚度。

5.2.13 坝基质量

坝基分松散层坝基和岩基。为保证坝的安全运行,坝基处理应满足渗流控制(包括渗透稳定和控制渗流量)、静力和动力稳定、允许沉降量和不均匀沉降量等方面的要求。多年运行的大坝,沉降早已完成,处于稳定状态。因此,主要从渗透稳定和控制渗流量两方面的要求进行评价。评价依据主要是历史资料和运行现状,以此判断坝基及岸坡的清基以及防渗体基础及岸坡开挖情况。

5.2.13.1　松散层坝基

对于弱透水松散层一般仅清除表面浮土,对于强透水的砂砾石层,采用明挖回填黏土截水槽,其质量要求为:回填黏土性质符合规范要求,防渗性能满足要求,底部清基彻底,截水槽深入基岩一定深度。主要从以下三个方面进行评价:

(1)渗透稳定性。采用渗透比降 i 进行评价,即坝体(或截水槽)底部单位长度上的最大水头差,一般采用平均值进行表示。采用渗透比降与运行比降的比值进行评价,评价分级见表1-5-11。

(2)异常渗漏。造成异常渗漏的原因是多方面的,局部坝基清基质量差、回填土压实度没达到要求,都可能产生异常渗漏,只要渗漏量小,不随上游水头的变化,渗漏点不集中,无浑水现象,都不会对坝体产生影响。评价分级见表1-5-12。

(3)清基质量。是坝基防止渗漏的基础。必须清除坝基表面的浮土、耕植土、树根等杂物,截水槽底部必须坐到新鲜不透水的岩基上,一旦有质量隐患,就会造成坝基渗漏,甚至产生渗透破坏。评价分级见表1-5-14。

表1-5-14　清基质量评价分级

等级标准	病害类型	状态描述
A	无老化病害	坝基及两岸清基彻底,防渗体底部与不透水层密实嵌接连接,深入弱风化层。两岸无接触渗漏
B	轻度老化病害	坝基及两岸清基较彻底,防渗体底部与不透水层密实嵌接连接,局部有异常渗漏点,漏水量小,随上游水头变化不明显,渗流为清水
C	中度老化病害	坝基及两岸清基较彻底,防渗体底部与不透水层密实平接连接,风化层清除不彻底,异常渗漏点不集中,水量小,随上游水头变化不明显,渗流为清水
D	严重老化病害	坝基清基不彻底,局部强透水夹层,水量随上游水头变化明显

5.2.13.2　岩基

岩体稳定性好,承载力高,一般不产生渗透破坏。岩体表面风化强,向下逐渐变弱,透水性减少,因此岩基主要是表层容易引起坝体破坏,采用透水性进行控制。岩体的透水性一般采用透水率进行评价,同时由于岩体往往存在岩溶、断层破碎带等集中渗漏通道,因此从透水率和岩体质量两个方面进行评价。评价分级见表1-5-15、表1-5-16。

表1-5-15　岩体透水率评价分级

等级标准	A	B	C	D
病害类型	无老化病害	轻度老化病害	中度老化病害	严重老化病害
评价指标	$[q] \leq 5$	$5 < [q] \leq 10$	$10 < [q] \leq 20$	$20 < [q]$

表 1-5-16　岩体质量评价分级

等级标准	病害类型	状态描述
A	无老化病害	岩体完整,取芯率大于90%,非可溶岩,无断层穿过
B	轻度老化病害	岩体较完整,裂隙发育,取芯率大于80%,非可溶岩或岩溶不发育,无透水断层穿过
C	中度老化病害	岩石风化破碎,裂隙发育,或可溶岩且岩溶较发育,小型透水断层穿过
D	严重老化病害	岩体质量差,风化破碎严重,裂隙发育,或可溶岩且岩溶发育,透水断层穿过

5.3　小　结

本章根据土坝的特点,采用规范、规程和其他技术标准,建立了土坝评价指标体系和指标的评价方法,并进行了指标量化、客观化,减少了人为的主观行为,使得对土坝老化状态的评价结果具有科学性、合理性和可比性。

6　层次分析法评价工程实例

6.1　工程概况

墙夼水库位于诸城市枳沟镇墙夼村西南,潍河流域潍河干流上游,是一座以防洪、灌溉为主,结合养殖、发电等综合利用的大(2)型水库。它于 1959 年 10 月动工兴建,1960年 8 月基本竣工。整个枢纽工程由东坝、西坝、溢洪道、东库放水洞、西库放水洞和水电站 6 部分组成,工程等级为Ⅱ等,主要建筑物为 2 级。控制流域面积 656 km²,总库容 3.28亿 m³,兴利水位 98.50 m,兴利库容 8 664 万 m³。

东坝为黏土心墙砂壳坝,坝顶长 890 m,坝顶设计高程 108.80 m,最大坝高 27.7 m,顶宽 10 m,上、下游坝坡在高程 94.60 m 处分别设 2.0 m 宽的戗台,上游坝坡戗台以上坡比为 1:3.0,以下为 1:3.5;下游坝坡戗台以上坡比为 1:2.85,以下为 1:3.0。黏土心墙顶高程 106.50 m,顶宽 4.0 m,上下游坡比为 1:1.0。防浪墙分为两部分:新防浪墙设计顶高程 110.00 m,高 1.2 m,厚 0.5 m;老防浪墙设计顶高程 108.30 m,高 1.0 m,厚 0.5 m;新老防浪墙之间由 50 cm 厚的浆砌乱石错接。上游坝坡为干砌块石护坡,下游坝坡为草皮护坡,坝后坡设 1 条纵向排水沟,坝脚设有贴坡排水,长 280 m,坡比为 1:3.5,顶高程 84.60 m,顶宽 0.5 m,高 4.0 m。心墙和基础接合处做一道截水齿槽,齿槽截面为上喇叭口形,底宽 6 m,边坡为 1:2.0。该水库已经运行 50 余年,老化病害严重,应对东坝进行耐久性评价。

6.2　东坝结构体老化指标检测评价

东坝坝体结构由上游护坡、防浪墙、坝体、防渗体、下游护坡、排水体、坝基等部分组成,评定结果如下。

6.2.1　上游护坡

坝上游为干砌石护坡,护坡范围为从坝脚到坝顶的整个坝面,石料为暗绿色花岗岩,硬质岩石,微风化状。1965 年对上游坝坡进行护砌;1968 年更换了部分护坡石;1968 年以后的护坡维修工程没有记载。护坡虽经多次维修加固,但都是早期完成,当前护坡已老化严重。评价内容为表面砌石体和护坡反滤层。

6.2.1.1　表面砌石体

砌石体评价指标为:护砌体块径、厚度,护砌体完整程度,护砌体破损程度。

块径和厚度:上游坡总的砌护面积约 5.0 万 m²,根据要求对护坡石抽样 20 处进行厚度和块径测量。块石检测结果汇总见表 1-6-1。

表 1-6-1 块石检测结果汇总

抽检次序	1	2	3	4	5	6	7	8	9	10
实测块径/cm	22.5	32.4	32.4	38.3	25.4	38	39.1	33.3	41.8	29.2
实测厚度/cm	21.8	24.2	27.8	23.4	27.6	25.3	26.4	22.4	23.4	20.5
抽检次序	11	12	13	14	15	16	17	18	19	20
实测块径/cm	25.4	25.4	40.5	30.8	35.3	32.1	29.2	31.3	32.2	35.4
实测厚度/cm	23.4	18.8	23.7	22.4	21.4	24.5	24.1	20.6	21.2	24.6

水库正常运用时的主要波浪要素为:平均波高 $\overline{h} = 0.54$ m,平均波长 $\overline{\lambda} = 15.36$ m, $h_p = h_{5\%} = 1.95\overline{h} = 1.053$(m),经计算,采用不规则的块石平均块径为

$$D_{50} = 1.2D = 1.2K_t \frac{\rho_w}{\rho_k - \rho_w} \cdot \frac{\sqrt{m^2 + 1}}{m(m + 2)} h_p = 24.0(\text{cm}) \qquad (1-6-1)$$

干砌块石护坡的厚度为

$$t = \frac{1.67}{K_t} D = 25.2(\text{cm}) \qquad (1-6-2)$$

式中:D 为块石所需直径;m 为坡比,取 $m = 3.0$;K_t 为系数,取 $K_t = 1.4$;ρ_k 为护坡石容重, 取 $\rho_k = 25$ kN/m³;ρ_w 为水的容重,kN/m³。

块石的计算块径为 24.0 cm,实测块径为 22.5~41.8 cm;砌体的计算厚度为 25.2 cm,实测厚度为 18.8~27.8 cm,平均值为 23.4 cm。经评价计算:块径的评语集为 $U_{211} = (1,0,0,0)$;厚度的评语集为 $U_{212} = (0.3,0.1,0.6,0)$。

护砌体完整程度评价:护坡范围为整个上游坝坡,$f_1 = \dfrac{A_1}{A_0} \geqslant 1.0$,完整度的评语集为 $U_{213} = (1,0,0,0)$。

护砌体破损程度评价:护坡石为硬质花岗岩,微风化,石料为乱石,块石大小悬殊,大者百余千克,小者不足 5 kg,砌筑质量差,块石缝隙大,接触面积小,不严紧,经风浪作用后,严重松动,形不成整体,容易被破坏。水位变动带附近已存在严重的脱坡现象,坡面不平整,存在明显的塌陷现象,根本不能抵御风浪的冲刷。线损毁率为 0.83。经综合评价大护砌体破损程度的评语集为 $U_{214} = (0,0.1,0.2,0.7)$。

$$\boldsymbol{R}_{21} = \boldsymbol{A}_{21} * \boldsymbol{U}_{21} = (0.33,0.08,0.26,0.33)$$

6.2.1.2 护坡反滤层

护坡反滤层的评价指标为:反滤层厚度、压实度及粒径特征。

在上游坝坡典型部位开挖了 9 个探坑进行反滤料老化评定,探坑资料见表 1-6-2。从探坑和试验资料可知:反滤层厚度 11~50 cm,变化较大,多数没达到厚度要求;填筑料主要为碎石或乱石,结构中密~松散状态;反滤料差异比较大,可能是多次维修加固造成的。在这 9 个探坑中,仅有 3 个探坑部位在施工中考虑了反滤要求,其余均为不符合要求的垫层。厚度和压实度均不满足规范要求,在 3 个设有反滤层的部位,反滤料粒径特征符合

B、C、D 的各 1 个。经综合评定,反滤层厚度、压实度及粒径特征 3 个指标的评语集为 U_{221} = (0,0.1,0.1,0.8);U_{222} = (0,0,0,1);U_{223} = (0,0,0,1)。

$$R_{22} = A_{22} * U_{22} = (0,0.056,0.056,0.889)$$

上游护坡的综合评语集为 $B_2 = A_2 * R_2 = (0.166,0.065,0.159,0.610)$。

表 1-6-2　上游护坡反滤层及被保护土层情况汇总

序号	桩号	槽口高程/m	槽底高程/m	反滤层				被保护土层		
				土质描述	厚度/cm	压实度	D_{15}/mm	土质分类	d_{85}/mm	d_{15}/mm
1	0+050	103.4	102.2	φ10 cm 左右的碎石,内充满松散的沉积土	11	松散	60	砾砂	2.0	0.2
2	0+150	99.4	98.1	φ10 cm 左右碎石,内充满松散的沉积土	15	中密	65	砾砂	1.4	0.5
3	0+230	96.7	95.4	φ2~4 cm 的碎石	15	密实	22	砾砂	1.7	0.1
				砾质粗砂,纯净,抗水性、抗风化性好	15	中密	0.3			
4	0+340	97.2	95.8	φ10~20 cm 的花岗岩乱石,微风化	50	松散	110	砾砂	4.2	0.5
5	0+420	104.1	102.6	砾质粗砂,抗水性、抗风化性能好	30	密实	0.5	砾砂	1.5	0.2
6	0+522	98.2	96.7	φ2~4 cm 的碎石	15	密实	22	砾砂	1.1	0.1
				砾质粗砂,纯净,抗水性、抗风化性好	15	中密	0.3			
7	0+630	96.5	95.5	为与护坡石同类的花岗岩乱石,φ15~25 cm,微风化	50	松散	150	砾砂	2.0	0.5
8	0+730	100.4	99.0	φ10 cm 左右碎石,内充满松散的沉积土	20	中密	70	砾砂	1.5	0.2
9	0+830	103.8	102.3	φ10~20 cm 的花岗岩乱石,微风化	40	松散	100	砾砂	2.7	0.2

6.2.2　防浪墙

防浪墙为浆砌石结构,分两次建成,下部建于 1968 年,高 1.0 m,厚 0.5 m,基础为浆砌乱石,墙体为浆砌混凝土预制块;底部与防渗体紧密衔接,现已经成为坝顶挡土墙;上部 1978 年建成,高 1.2 m,厚 0.5 m,墙体为浆砌块石,新老防浪墙之间由 50 cm 厚的浆砌乱石错接。砂浆均为 50# 石灰水泥砂浆。防浪墙横断面见图 1-6-1。防浪墙体结构完整,砌石不存在风化现象,但下部防浪墙实际为戴帽加高的挡土墙,上部墙体基础不牢固,造成墙体严重向内倾斜和弯曲变形,倾斜度在 5°范围内,墙体现有多条明显的断裂缝,表面砂浆剥蚀和脱落面积达 15%。经计算强度不满足规范要求;抗倾稳定系数为 0.95,小于 1.0。经综合计算评定防浪墙的外观质量、强度和稳定性、底部接触情况 3 个评价指标的评语集 R_1 为

$$R_1 = \begin{pmatrix} U_{11} \\ U_{12} \\ U_{13} \end{pmatrix} = \begin{pmatrix} 0 & 0.1 & 0.6 & 0.3 \\ 0 & 0.1 & 0.2 & 0.7 \\ 0.3 & 0.3 & 0.3 & 0.1 \end{pmatrix} \tag{1-6-3}$$

其权向量 $A_1 = (0.12, 0.44, 0.44)$,因此防浪墙的综合评语集为 $B_1 = R_1 * A_1 = (0.133, 0.189, 0.289, 0.389)$。

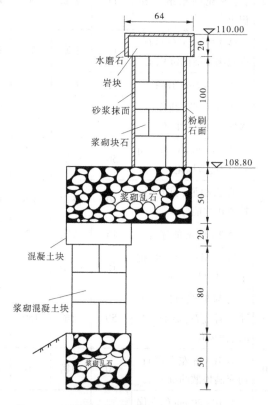

图 1-6-1　防浪墙横断面图　(单位:尺寸,cm;高程,m)

6.2.3　坝体

坝体为心墙砂壳坝,在 1960 年竣工后,大坝又进行了 3 次主要的加固措施:1964~1965 年,进行了坝顶心墙土料更换,由碎石土更换为黏土,并将坝体接高至 106.50 m;1968 年坝体加高 0.8 m,坝顶高程至 107.30 m;1977~1978 年坝顶戴帽加高至 108.80 m,并进行了下游坡补土。为检测坝体质量,共选择了 4 个断面进行勘察。现就各部分质量简述如下。

6.2.3.1　坝料特性

本次勘察在坝体共取样 112 个,经对资料统计分析:渗透系数小于 1×10^{-6} cm/s 的土

样5组,占4.5%;渗透系数在$1×10^{-6}~1×10^{-5}$ cm/s的土样42组,占37.5%;渗透系数在$1×10^{-5}~1×10^{-4}$ cm/s的土样49组,占43.7%;渗透系数大于$1×10^{-4}$ cm/s的土样16组,占14.3%;土样水溶盐含量、有机质含量均在规范允许范围内,没有发现湿陷性、膨胀性和分散性土,均具有较好的塑性和渗透稳定性。经综合分析计算,坝料特性的评语集为$\boldsymbol{U}_{31}=(0.4,0.3,0.2,0.1)$。

6.2.3.2 软弱松散层

老心墙土料主要由壤土组成,状态以可塑为主,局部坚硬,干密度为$1.56~1.74$ g/cm³,平均值为1.65 g/cm³,压实度为$0.88~0.98$,平均值为0.93,因此压实度低,土质变化大,填筑质量差异较大。心墙接高部分为碎石土,主要成分为火山碎屑岩岩块,结构松散,颗粒大小悬殊。坝壳砂为细砂和含砾中粗砂,干密度为$1.44~1.51$ g/cm³,相对密度为$0.38~0.51$,为松散~中密状态。

下游坝坡进行了多次帮坡,岩性为碎石土,碎石均较为新鲜、坚硬,状态为松散状态。干密度为$1.6~1.71$ g/cm³,为松散状态。软弱松散层的评语集为$\boldsymbol{U}_{32}=(0.2,0.2,0.4,0.2)$。

6.2.3.3 变形

坝体安装有变形观测设施:坝体竖向、水平位移观测标点于1961年3月设置,共埋设4排20个固定标点,其中坝顶5个、上游坡面5个、下游坡面戗台上下各5个。变形观测于1961年8月开始,到1973年5月结束,观测系列年限为12年。变形观测资料分析结果为:

(1)表面垂直位移观测(沉降观测):根据观测资料绘制的纵断面竖向位移过程线和坝顶竖向位移分布见图1-6-2和图1-6-3。由图1-6-2和图1-6-3可知:1973年,大坝最大累积沉降量为坝顶0+350断面B1号沉降点,沉降量为457 mm,大坝四排20个点平均沉降量为126.50 mm,说明大坝明显发生不均匀沉陷,大坝0+350断面处施工质量较差。大坝初期沉降量增加较快,以后沉降量随着时间的增加而放缓,且不均匀沉降发生在初期,到第三年沉降明显均匀且趋于稳定,符合土坝沉降变形规律。

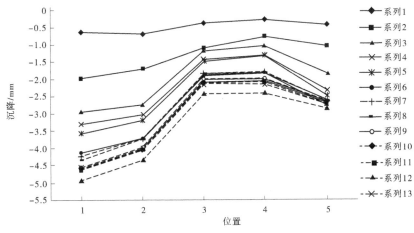

图1-6-2 坝顶纵断面竖向位移分布

(2)坝顶测点沉降率及相对沉降差分析:根据观测数据计算的坝顶测点累积沉降量、沉降率及相对沉降差见表1-6-3。统计资料表明:凡竣工后坝顶沉降量为坝高的1%以下,

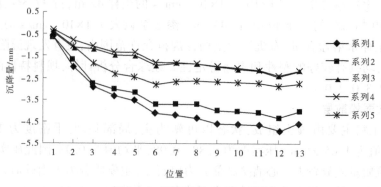

图 1-6-3　坝顶竖向位移过程线

一般没有裂缝；沉降量达坝高 3% 以上的，多数发生裂缝；当介于 1% ~ 3% 时，大坝是否产生裂缝不能确定。另外，当相邻两测点相对沉降差大于 1% 时，也可能产生裂缝。由表 1-6-3 可知：B1 点沉降率为 1.85%、B2 点沉降率为 1.63%、B5 点沉降率为 1.12%，而其余点的沉降率及相对沉降差都远低于 1%，沉降率平均为 0.762%，相对沉降差平均为0.089%。由以上情况初步推断，0+350 断面、0+325 断面和南坝肩都可能产生裂缝，由于沉降差不太大，裂缝深度可能不大。从坝体初期观测记录可知：大坝运行初期，坝体曾多次出现裂缝，原因是大坝不均匀沉陷引起的，当时及时进行了处理。

表 1-6-3　1961 年 6 月至 1973 年 5 月坝体各典型测点累计沉降量、沉降率及相对沉降差

部位	观测点编号	累计沉降量 S/mm	坝体填筑厚度 H/m	沉降率 $(S/1\,000H)/\%$	相邻两点累计沉降差 $\Delta S/mm$	测点距 L/m	相对沉降差 $(\Delta S/1\,000L)/\%$
上游坝坡 234.00 m 高程	A1	124	15.6	0.79	23	25	0.09
	A2	101	15.6	0.65			
	A3	126	15.6	0.81	25	65	0.04
	A4	154	15.6	0.99	28	90	0.03
	A5	64	15.6	0.41	90	90	0.10
坝顶 239.30 m	B1	457	24.7	1.85	55	25	0.22
	B2	402	24.7	1.63			
	B3	216	24.7	0.87	186	65	0.29
	B4	217	24.7	0.88	1	90	0
	B5	276	24.7	1.12	59	90	0.07
下游坝坡 229.90 m 高程	C1	107	19.7	0.54	43	25	0.17
	C2	64	19.7	0.32			
	C3	33	19.7	0.17	31	65	0.05
	C4	33	19.7	0.17	0	90	0
	C5	46	19.7	0.23	13	90	0.01

（3）大坝水平位移资料分析：大坝仅进行了横向位移观测，由 1961~1973 年观测资料，点绘的纵断面水平位移分布见图 1-6-4。由图 1-6-4 可知：曲线相互交错，不符合正常规律，说明观测精度不够，但观测资料明显反映出水平位移较小，基本无变形。

综合上述分析，水库大坝变形主要集中在大坝建成初期，以后逐渐减小，到 1973 年大坝加高时，坝体趋于稳定，不均匀沉降主要发生在 0+325~0+350 坝段。1973 年后，再没有进行观测，无法了解大坝加高对坝体的影响，为此又现场对坝体变形进行了高密度 CT 检测和外观检查，没有发现明显的裂缝。因此，坝体变形的评语集为 $U_{33} = (0.5, 0.2, 0.2, 0.1)$。

坝体的综合评语集为 $B_3 = A_3 * R_3 = (0.367, 0.234, 0.266, 0.133)$。

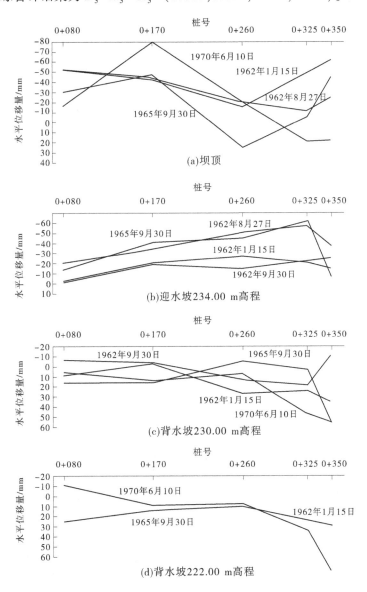

图 1-6-4　纵断面水平位移分布

6.2.4 防渗体

坝体防渗体为黏土心墙,评价如下。

6.2.4.1 渗透稳定性评价

根据大坝竣工资料图纸,选取了8个断面的竣工图测量坝底防渗体路径长度,并选取最大水头,计算的渗透坡降见表1-6-4,取用相应部位的土样按公式:

$$J_{cr} = (G_s - 1)(1 - n)$$

式中:J_{cr} 为土的临界水力坡降;G_s 为土粒比重。土的允许比降 $J_{允许} = 0.5 J_{cr}$。

表 1-6-4 防渗体渗透坡降计算

桩号	0+100	0+200	0+300	0+400	0+500	0+600	0+700	0+800
J_{max}	0.31	0.34	0.37	0.4	0.42	0.41	0.37	0.33
$[J]$	0.48	0.47	0.49	0.48	0.47	0.49	0.49	0.48
k_3	<1.0	<1.0	<1.0	<1.0	<1.0	<1.0	<1.0	<1.0

由表1-6-4可知,老心墙的断面尺寸决定的渗透坡降均满足要求,但是坝顶接高部分心墙为碎石土,无防渗性,明显不符合要求,因此渗透坡降的评语集为 $U_{51} = (0.2, 0.2, 0.4, 0.2)$。

6.2.4.2 异常渗漏评价

心墙接高部分为碎石土,主要成分为火山碎屑岩岩块,结构松散,颗粒大小悬殊,无防渗性能。老心墙渗透系数为 $1.0 \times 10^{-6} \sim 4.7 \times 10^{-4}$ cm/s,渗透系数平均值为 3.1×10^{-6} cm/s,仅局部渗透性较大,大部分为微透水性。上接碎石土渗透系数为 $8.1 \times 10^{-3} \sim 8.4 \times 10^{-2}$ cm/s,透水性强、透水差异大,不适合作防渗体。因此,防渗体异常渗漏评语集为 $U_{52} = (0.1, 0.3, 0.5, 0.1)$。

防渗体的综合评语集为 $B_5 = A_5 * R_5 = (0.130, 0.270, 0.470, 0.130)$。

6.2.5 下游护坡

下游护坡为草皮护坡,坝脚为排水体,从坝面冲刷、草皮质量和排水沟完整程度进行评价。

(1)坡面冲刷:选择了10处进行检测,冲刷处平均冲刷深度 $h_4 = 5.0$ cm,相对冲刷面积为 $S_4 = 20\%$,冲刷系数 $k_4 = 1.0$ cm。整体轻微损害,局部严重损坏。表层碎石土块径较大,坡面不平整,该层碎石块主要有两个缺点:①下游坝坡不易养护;②雨水易在碎石层下形成潜流,且不易发现。经综合评定其评语集为 $U_{71} = (0.5, 0.2, 0.2, 0.1)$。

(2)草皮质量:通过现场踏勘检查,整个后坡草皮稀疏,质量一般,特别在高程228.00~230.00 m,砂壳裸露,缺少草皮腐殖土,草为自然生杂草,耐旱性差,对护坡保护的质量不高。经综合评定其评语集为 $U_{72} = (0.2, 0.3, 0.4, 0.1)$。

(3)排水沟完整程度:大坝下游坡排水沟1978年修建,仅在戗台设1条纵向排水沟,无横向排水沟,因此排水系统设计不完善,不符合规范要求。排水沟为浆砌石结构

（0+300 以右 100 m 进行了翻修），断面尺寸均为 30 cm×50 cm，砌石厚 30 cm。通过现场踏勘检查，整个排水沟局部存在淤堵、破坏或坍塌，有明显的砂浆剥蚀和块石脱落等老化现象。经综合评定其评语集为 $U_{73} = (0.1, 0.3, 0.4, 0.2)$。

下游坝坡的综合评语集为 $B_7 = A_7 * R_7 = (0.244, 0.256, 0.356, 0.122)$。

6.2.6　排水体

现排水体为 1961 年修建，形式为贴坡排水，桩号为 0+310~0+590，长 280 m，坡比为 1∶3.5，顶高程 84.60 m，顶宽 0.5 m，高 4.0 m。检测指标为护砌体和反滤层。

护砌体为干砌块石，厚 20 cm，符合要求，材质为角砾岩，呈乱石状，抗风化能力差，经 60 多年的运用，工程自然老化严重，已出现多处塌坑、退坡、坡面块石松动，内部架空等现象，护砌体块石直接铺设在砂壳和乱石上，没有设反滤层。

经综合评价，护砌体的评语集为 $U_{411} = (0.2, 0.6, 0.2, 0)$；$U_{412} = (1, 0, 0, 0)$；$U_{413} = (0.2, 0.6, 0.2, 0)$；$U_{414} = (0.2, 0.3, 0.3, 0.2)$。

$$R_{41} = A_{41} * R_{41} = (0.425, 0.289, 0.191, 0.094)$$

反滤层的评语集为 $U_{421} = (0, 0, 0, 1)$；$U_{422} = (0, 0, 0, 1)$；$U_{423} = (0, 0, 0, 1)$。

$$R_{42} = A_{42} * R_{42} = (0, 0, 0, 1.0)$$

排水体的综合评语集为 $B_4 = A_4 * R_4 = (0.213, 0.145, 0.095, 0.547)$。

6.2.7　坝基

6.2.7.1　坝基松散层

坝基第四纪覆盖层为含砾中粗砂，分选性差，磨圆度中等，干密度为 1.41 g/cm³，相对密度为 0.3~0.32，平均值为 0.31，松散状态。在建坝时坝轴线清基至岩石的中等风化带，心墙底清基彻底。齿墙与基岩面为嵌接，质量较好。施工记载：大坝合龙段约 50 m² 的断面为水中倒土，清基不彻底，从地貌上看，该处为断层破碎带横穿大坝处，虽本次勘察没有查明，但坝后常年存水，说明坝基局部存在渗漏现象。经综合评定，坝基的渗透稳定、异常渗漏、清基状况等评价指标的评语集为 $U_{611} = (0.2, 0.3, 0.4, 0.1)$；$U_{612} = (0.1, 0.3, 0.4, 0.2)$；$U_{613} = (0.2, 0.3, 0.3, 0.2)$。

松散坝基的综合评语集为 $B_{61} = A_{61} * R_{61} = (0.211, 0.433, 0.211, 0.144)$。

6.2.7.2　坝基基岩

岩性为粗安质集块角砾岩，强风化层厚 2~3 m，岩芯呈短柱状，裂隙较发育，岩石破碎。透水率 q 为 5.6~16.7 Lu，属弱~中等透水岩石，下部为中等风化，透水率均小于 5 Lu，渗漏量较小。

为查明坝基的渗漏情况，在坝前水面进行了自然电场测试，测试范围为桩号 0+150~0+400，点距 1.0 m，库水位为 96.46 m，自然电场曲线见图 1-6-5。由图 1-6-5 可知：坝体自然电位较低，右端存在较严重的低电位异常现象，说明绝大部分坝段存在较严重的渗漏现象。但坝后为清水，渗漏量与坝前水位没有明显的线性关系，没有渗透破坏迹象。因此，坝基基岩评语集为 $U_{621} = (0.2, 0.2, 0.3, 0.3)$；$U_{622} = (0.2, 0.3, 0.3, 0.2)$。

坝基的综合评语集为 $B_6 = A_6 * R_6 = (0.178, 0.275, 0.344, 0.203)$。

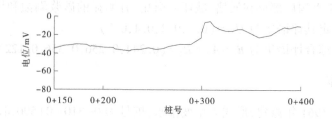

图 1-6-5　坝前水面自然电场剖面曲线

6.3　综合评价

根据各单项指标的计算,可得指标的评价矩阵 R 为

$$R = \begin{matrix} B_1 \\ B_2 \\ B_3 \\ B_4 \\ B_5 \\ B_6 \\ B_7 \end{matrix} = \begin{cases} 0.133 & 0.189 & 0.289 & 0.389 \\ 0.166 & 0.065 & 0.159 & 0.610 \\ 0.367 & 0.234 & 0.266 & 0.133 \\ 0.213 & 0.145 & 0.095 & 0.547 \\ 0.130 & 0.270 & 0.470 & 0.130 \\ 0.178 & 0.275 & 0.344 & 0.203 \\ 0.244 & 0.256 & 0.356 & 0.122 \end{cases} \qquad (1\text{-}6\text{-}4)$$

坝体老化因素的权向量为 $A = (0.067, 0.103, 0.174, 0.050, 0.284, 0.284, 0.039)$,根据运算规则,最终耐久性评语集为 $B = A * R = (0.198, 0.232, 0.332, 0.239)$。耐久性评价值为 0.554。

根据耐久性评语集 B 和评价值可知,耐久性类型为中度老化病害。水库虽存在较大质量隐患,但水库还能继续蓄水运行,评价结果反映坝体的实际状况。

6.4　小　结

结合墙夼水库大坝具体工程,对土坝老化耐久性评价进行了实例分析,结果表明,上述分析方法能较为客观地分析大坝的现状和未来的状态,给出了耐久性评价值,便于工程的横向比较,同时可以推广应用到类似的工程。

7　结　论

　　我国土坝多,老化严重,保障大坝的安全运行、避免溃坝发生是水库管理部门的最大责任。提出准确的大坝安全评价报告是科技工作者的基本准则。经过岩土人一代一代的努力,已经形成了有关坝体的质量评价、渗透稳定性分析等比较完备的理论体系,但是,影响土坝安全的不确定性影响因素较多,是一个随机性、模糊性、灰色性、不确知性等不确定性因素的集合体,处理不确定性的方法从概率论、模糊数学到灰色理论,从神经网络到聚类分析,但各种方法都存在一定的局限性。本书针对土坝的特点,在前人工作的基础上,把土坝的质量评价改为质量与使用寿命评价并举,把盲数理论与土坝安全耐久性分析有机结合,建立了适合土坝特点的耐久性评价体系、坝坡稳定性可靠度分析、渗透稳定性可信度评价分析等有关土坝的安全耐久性评价方法,初步取得了以下成果:

　　(1)详细论述了当前土坝安全评价的主要方法和前沿理论,指出了当前评价方法的局限性在于采用定值来代替不确定性参数,使评价结果缺乏可靠性,并且对影响土坝安全的不确定性因素缺乏周密的考虑。因此,在系统地论述了影响土坝安全不确定性因素及其分类的基础上,就现有处理不确定性的各种数学方法进行比较,根据各种方法的特点及其应用条件,结合土坝的工程特点,引进了适合处理土坝不确定性的数学方法——盲信息和盲数理论,为盲数在工程安全耐久性评价中的应用奠定了理论基础。

　　(2)通过国内外溃坝资料分析,得出水库溃坝的主要原因是漫坝和质量问题,因质量问题而发生溃坝的主要因素是渗漏和滑坡。同时,以山东省土坝为基础对坝体安全现状进行了调查,了解到当前病险水库多,病害类型复杂,大坝失事的潜在危险加大,但其危害性又不是等同的,因此亟须建立适合土坝特点的大坝安全评价体系和标准。

　　(3)建立了以土坝的耐久性为评价标准的评价体系。该法以层次分析法原理为基础,以渐进性老化状况过程为评价依据,建立了老化系数与耐久性的关系,充分描述了老化状况从完好到完全不能使用之间存在着过渡状态这一客观事实,体现了质变与量变之间的辩证规律,对工程的当前质量和未来的使用寿命都有一个客观的评价,评价结论更接近工程需要。该评价体系建立了土坝评价指标体系和指标的评价方法,确立了土坝的指标权重、隶属度的计算方法,由于指标的量化、客观化,减少了人为的主观行为,得到的结果更具有科学性、合理性和可比性。该法能较为客观地分析大坝的现状和预测未来的状态,并给出了耐久性评价值,便于工程的横向比较,为工程的质量评价开辟了一个新的途径。

　　(4)提出了基于有限元的土坝边坡稳定性盲数可靠度分析法。系统分析了当前坝坡稳定计算的各种方法和特点,得出影响评价结果准确性的主要因素是土体抗剪强度参数的取值和基质吸力对抗剪强度参数的影响,因此根据库水位骤降过程孔隙水压力消散的特点,非饱和土范围的变化对土体的抗剪强度的影响,提出了基于有限元应力分析的圆弧滑动法对坝坡稳定进行分析,该法比较真实地反映滑面的应力状态,根据抗滑理论能容易建立起可靠度功能函数,能够把土坝边坡稳定的定值分析和可靠度分析有机结合,更易于坝坡稳定的评价分析。结合工程实例,论证了该方法的科学性、实用性及可靠指标 β 与抗剪强度指标变异性的关系,为该方法的推广奠定了基础。

(5)建立了以盲数理论为基础的渗透稳定性分析方法。本书把可信度理论渗透稳定性判定方法应用于工程实例,在观测资料的基础上评价了坝基管涌、坝后流土发生的可能性及其结论的可信程度,并用观测资料分析和反演计算两种方法预测了高水位的渗透稳定性,为土坝的渗透稳定评判提供了科学依据,因此可以说盲数理论为进行土坝渗透稳定性、不确定性评价分析提供了一种切实可行的方法。

(6)结合墙夼水库、八河水库等大坝具体工程,进行实例分析,结果表明,该分析方法能较为客观地分析大坝的现状和未来的状态,给出了耐久性评价值,便于工程的横向比较,为工程的质量评价开辟了一个新的途径,同时可以推广应用到类似的工程。

(7)提出了以土坝的老化系数为评价标准的耐久性评价方法。建立了土坝老化系数与耐久性的关系、评价指标体系和指标的评价方法,引进盲数理论对指标的隶属度进行确定。该方法能客观地分析大坝的现状和未来的状态,为土坝的质量评价开辟了新的途径。

(8)采用盲数理论对抗剪强度参数进行统计分析,实现了参数代表性从"点特性"到"面特征"的转化,使参数的分布特征更准确、科学,较好地模拟了土体参数空间变异性和相关性。

(9)采用盲数理论对土坝的渗透稳定性进行评价分析,不但能清楚地知道渗透稳定性的安全程度,而且可知评判结果的可信程度,避免了平均意义的判断结果,使结论更加具有参考价值,避免了可靠度理论对参数的分布要求和数量要求。

8　创新点与展望

8.1　创新点

本书作者理论结合实际,对土坝的病害原因进行分析与安全评价,有以下创新点:

(1)提出了以土坝的老化系数为评价标准的耐久性评价方法。建立了土坝老化系数与耐久性的关系、评价指标体系和指标的评价方法,引进盲数理论对指标的隶属度进行确定。该方法能客观地分析大坝的现状和未来的状态,为土坝的质量评价开辟了新的途径。

(2)采用盲数理论对抗剪强度参数进行统计分析,实现了参数代表性从"点特性"到"面特征"的转化,使参数的分布特征更准确、科学,较好地模拟了土体参数空间变异性和相关性。

(3)采用盲数理论对土坝的渗透稳定性进行评价分析,不但能清楚地知道渗透稳定性的安全程度,而且可知评判结果的可信程度,避免了平均意义的判断结果,使结论更加具有参考价值。避免了可靠度理论对参数的分布要求和数量要求。

8.2　展　望

(1)在人们心目中,土是一种没有生命的材料,在水库的使用年限设计中,主要考虑泥沙淤积对水库使用年限的影响。但是,土在土坝中是一种建筑材料,就有性能的衰减,我国病险水库的存在也验证了这一点。本书提出土坝耐久性的评价指标和评价体系,解决了以往以质量为目标的评价方法只能评价现状,不能预测未来的缺陷。但是,土作为一种建筑材料,寿命终结的标准、老化等级的划分都没有具体的依据,权重的确定还需要综合判断,有大量的不确定性因素,目前对于这一复杂系统的建模方法还不太成熟,理论与实际还存在一定的差距,在模型建立、寿命预测、老化影响过程、寿命预测等方面都需要发展和改进。

(2)坝体的渗透稳定性、边坡稳定性评价受多种不确定性因素影响,各种不确定性因素对土坝安全是一种综合的反映,虽然前人采用模糊数学、聚类分析等方法对多种不确定性因素进行综合评价,但从不确定性角度分析,仅是从一种不确定性到另一种不确定性的表达方式,并且对于边界的不确定性影响还没有见到相关文献,说明对土坝稳定的不确定性分析还有大量的工作要做。

第二部分　大坝安全评价工作实例

1　引　言

　　八河水库位于山东省荣成市,地处王连河下游八河港港湾处,濒临黄海。水库始建于1978年,是一座中型海湾水库,2001年11月,八河水库扩建工程开工,2004年9月竣工,扩建后的八河水库为大(2)型水库,设计总库容10 500万 m^3 ,调节库容7 105万 m^3 ,死库容1 450万 m^3 ,工程设计标准为50年一遇洪水设计、300年一遇洪水校核,主要建筑物为主、副坝和溢洪道(闸)。设计城市供水规模为每日4万t,多年平均供水量1 394万 m^3 ,灌溉面积10万亩,多年平均灌溉水量1 652万 m^3 ,八河水库下游保护荣成市区通往石岛城区的主要交通干线。八河水库实景见图2-1-1。

图 2-1-1　八河水库实景

　　八河水库自扩建工程竣工以来,一直低水位运行,特别是主坝坝基存在较厚淤泥质黏土,是工程的安全隐患,为保证八河水库大坝安全,水库主管部门与管理单位拟按照《水库大坝安全鉴定办法》及《水库大坝安全评价导则》(SL 258—2017)要求对八河水库大坝进行一次全面安全鉴定,以彻底查清水库大坝仍存在的病险隐患以及产生病险的原因,为水库的安全运行管理提供科学依据。

2 工程概况

八河水库始建于 1978 年,是一座中型海湾水库,设计总库容 4 570 万 m³,相应水位 4.25 m,调节库容 890 万 m³,正常蓄水位 1.8 m,死库容 140 万 m³,死水位 0.6 m。主要建筑物包括主坝及南、北溢洪闸。2001 年 11 月,八河水库扩建工程开工,扩建后的八河水库为大(2)型水库,设计总库容 10 500 万 m³,调节库容 7 105 万 m³,死库容 1 450 万 m³,工程设计标准为 50 年一遇洪水设计、300 年一遇洪水校核,主要建筑物为主、副坝和溢洪道(闸)。设计城市供水规模为每日 4 万 t,多年平均供水量 1 394 万 m³,灌溉面积 10 万亩,多年平均灌溉水量 1 652 万 m³。

(1)主坝。

主坝长 2 622.495 m,坝顶高程 9.0 m,坝顶宽 6 m,坝底高程一般在 -4.23 ~ -1.27 m,桩号 0+000 ~ 0+216.75 为单式断面,桩号 0+323.25 ~ 2+622.495 为复式断面,上游侧为 C20 现浇混凝土护坡,下游侧为草皮护坡。除桩号 0+000 ~ 0+216.75、0+323.25 ~ 0+342.086、2+130 ~ 2+311、2+555 ~ 2+622.495 四段有壤土心墙外,其余坝段均为风化料均质坝,复式断面的上游侧用抛石保护坝脚,大坝上游边坡为 1:3.6,在上游顺坡脚处设搅拌桩防渗墙一排,墙底位于不透水层,墙顶至坝顶铺复合土工膜一层防渗。坝顶设 C20 混凝土防浪墙,墙顶高程 10.2 m,坝顶道路为 C25 混凝土路面。

(2)副坝。

副坝长 2 047 m,坝顶高程 9.0 m,坝顶宽 6 m,坝底高程一般在 -0.5 m,桩号 0+000 ~ 0+200 为单式断面,桩号 0+200 ~ 2+047 为复式断面。坝顶设 C20 防浪墙,墙顶高程 10.20 m,上游侧为 C20 现浇混凝土护坡,下游侧为草皮护坡,边坡均为 1:3,坝体填筑料为风化料,上游侧高程 4.0 m 处顺坝脚设搅拌桩防渗墙一排,墙底位于不透水层,墙顶至坝顶铺土工布一层防渗,C25 混凝土路面。

(3)溢洪道(闸)。

溢洪闸中轴线位于主坝桩号 0+270 处,为开敞式、宽顶堰型,共 6 孔,闸孔总净宽 60 m,闸门尺寸为 10 m×6.7 m,为了便于排泄含盐量较大的底层水,闸底板高程为 -0.10 m。50 年一遇洪水最大泄量 1 632.7 m³/s,300 年一遇洪水最大泄量 1 895.9 m³/s。溢洪闸闸室总宽 66.5 m,由于下游临海,工作闸门上下游均设检修闸门槽。目前仅在上游侧设一套自动挂脱叠梁式检修门及启闭设备,叠梁检修门每套 4 节,每节高 1.56 m。闸墩顶高程 9.0 m,上设排架及机房,机房地面高程 17.4 m,闸顶公路桥设计标准为Ⅲ级,荷载标准为汽-20,挂-100,桥面为 T 形梁结构,基础为桩基,桥面净宽为 2 m×9.555 m,桥面高程 9.0 m。桥头堡设在闸室两侧,并与机房相连,溢洪闸出口消力池长 23.8 m,海漫长 39 m,海漫下游抛石长 30 m,上游铺盖长 26 m,闸室上游侧设单排基岩帷幕灌浆一道,帷幕灌浆轴线距离闸室中心线 5.01 m,灌浆范围为桩号 0+210 ~ 0+330,灌浆深度为弱风化岩面以下 5.0 m。

八河水库枢纽工程平面布置见图 2-2-1,大坝设计横断面见图 2-2-2。

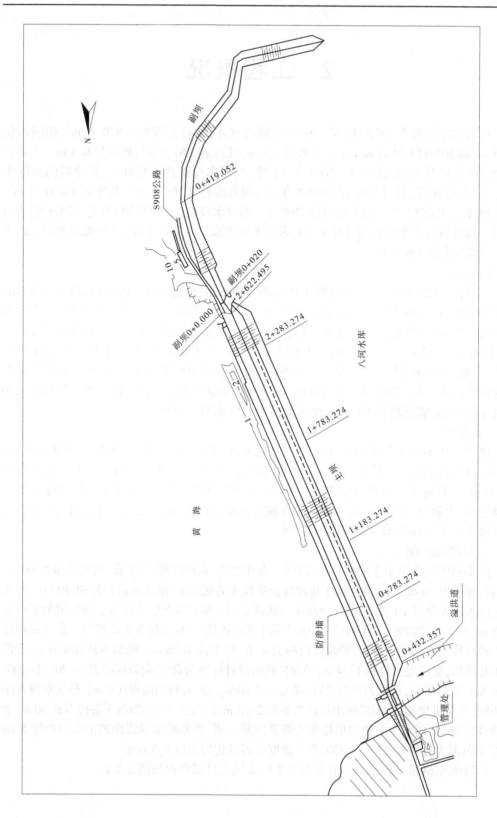

图 2-2-1　八河水库枢纽工程平面布置图

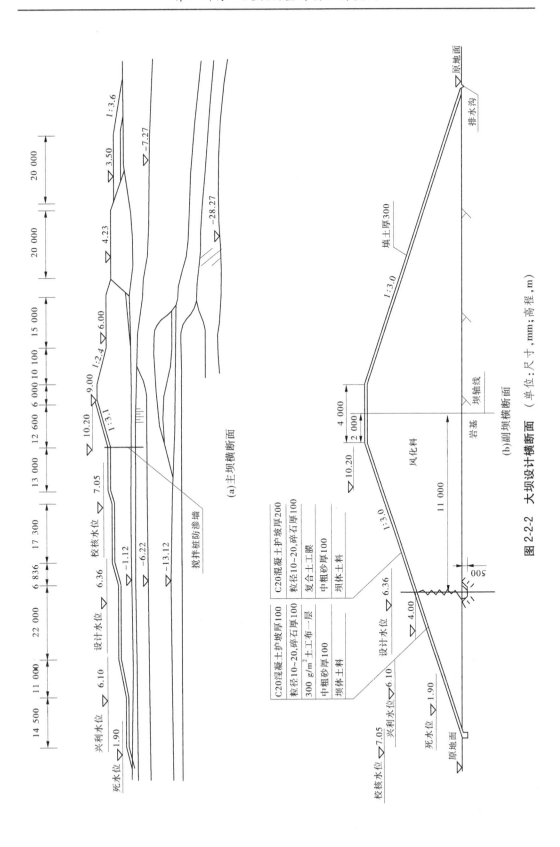

(a) 主坝横断面

(b) 副坝设计横断面

图 2-2-2　大坝设计横断面　（单位：尺寸，mm；高程，m）

3　工程地质

3.1　水库病害调查

水库在可行性研究阶段、初步设计阶段及施工期均进行了勘察,工程地质资料齐全,在安全鉴定前对水库进行了病害调查,主要调查枢纽工程存在的病害、安全隐患和水库存在的主要工程地质问题。

3.1.1　大坝

大坝上游护坡为混凝土板护坡,上游护坡存在剥蚀、脱落现象;主坝右边存在明显的沉陷现象,坝顶路面脱空,防浪墙变形断裂,无沉降观测设施,测压管无保护措施,个别灵敏度差,八河水库管理局(简称管理局)建于库内,地面高程与兴利水位基本持平。

3.1.2　溢洪道(闸)

边墩和翼墙底部存在混凝土剥蚀现象,并有缝宽小于 1.0 mm 的裂缝。个别扬压力测压管失效。

3.1.3　水库存在的主要工程地质问题及评价

工程始建于 1978 年,2001 年进行扩建,2004 年竣工验收投入生产运行,最高蓄水位 2.5 m,发生于 2008 年 1 月 31 日;最高洪水位 3.0 m,发生于 2007 年 7 月 18 日;最大沉降量 551 mm。

根据威海市多年实测潮位统计资料可知,实测最高潮位为 2.9 m,平均高潮位为 1.9 m,实测最低潮位为 −0.76 m,平均低潮位 0.55 m,多年平均潮位 1.2 m,因此水库上下游水位常年基本一致,不存在渗流现象。

水库扩建后,原坝体成为荣石公路专用路基,新建坝轴线位于老坝轴线上游 38.8 m,南北老溢洪道拆除后,在主坝左端新建溢洪道(闸)。自开始蓄水运行,由于水库存在和发生许多病害问题,影响安全运行,未能发挥设计蓄水效益,运行中出现的问题有:

(1)主坝上游侧混凝土护坡表面局部存在冻融、剥蚀现象,但由于上游护坡常年不见水,破坏不太明显,副坝水位变动带上游护坡存在剥蚀现象。

(2)坝顶存在沉陷现象,由于局部沉降差较大,坝顶路面脱落,防浪墙变形断裂,现沉陷基本稳定。

(3)坝体无沉降观测标点,个别测压管失效。

(4)管理局位于库内,地面高程与兴利水位基本持平。

(5)建筑物基础均坐落在欠固结的软弱土层上,容易产生沉降。

3.2 库区地质概况

3.2.1 地形地貌

库区地处荣成市王连河下游八河港港湾处,濒临黄海。依山东省地貌分区图(1:150万),工程所在区域地貌单元类型为鲁东沿海微倾斜低平原(Ⅵ)剥蚀-海蚀平原(Ⅵ₅),海岸线类型为剥蚀-海蚀平原岸。流域内群山连绵,丘陵起伏,区内主要是低山及丘陵,少部分为平原。河流属沿海边缘水系,很不发达,多为季节性间歇性河流,源短流急,流域面积较小。

库区地形起伏明显,呈南北两头高、中间低的马鞍形、簸箕状向大海倾斜。地貌类型有丘陵、河谷、海岸。

丘陵分布范围广,丘顶浑圆,丘顶高程一般为25.6~38.0 m,坡降1/15~1/50。

库区内主要有两条河流:小落河和王连河。小落河流经大疃、上庄、滕家3镇,全长24.95 km,流域面积205 km²,是荣成市第一大河流。河流流径长,支流多,一级阶地范围大,阶地后缘与丘陵相接,大部分河道经人工改造取直,流向自西向东汇入库区。

坝前为黄海八河港港湾,沿海岸线堆积的海滩范围较小,微倾向大海,由含生物壳片的粉细砂组成。工程区域地貌见图2-3-1。

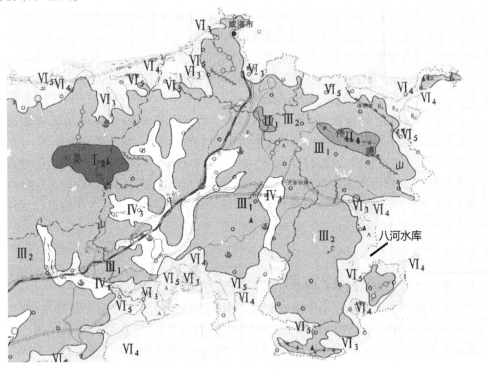

图 2-3-1 工程区域地貌

3.2.2　地层岩性

库区地层主要分布有元古代晋宁期、四保期荆山岩群变质岩;中生代印支期侵入岩;第四系松散堆积物,主要为河流堆积的沙壤土、中细砂、壤土及含砾中粗砂。

元古代晋宁期变质岩主要岩性为片麻状二长花岗岩、片麻状花岗闪长岩。荆山群变质岩主要岩性为斜长角闪岩和蛇纹石化辉橄岩。中生代印支期侵入岩主要岩性为正长岩,肉红色,主要矿物成分为钾长石、斜长石、普通角闪石,具中粗粒结构,块状构造。勘探深度内基本呈全风化和强风化状,透水性小。

3.2.3　地质构造

根据山东省大地构造单元划分图,场区在大地构造单元上属威海隆起(IV_{b})—乳山—荣城断隆(IV_{b2})—威海—荣成凸起(IV_{b2}^{1})库区,位于鲁东隆起区的次级构造单元——胶北隆起的东部。主要发育 NW、NE 向断裂;构造多呈压性和压扭性,裂隙充填紧密,充填物多为燕山晚期侵入岩;库区断裂构造相互切割,复式构造较为发育,反映了构造运动的多期性,早期为张性,晚期为压扭性,构造规模一般较小。库区不存在规模较大的构造,亦没有活动性断裂,不会对水库构成危害。

3.2.4　地震

根据威海地震志记载并从地震年表上可以看出,包括断裂带位置的该区近百年来未发生过 6 级以上的地震。断裂处未发现第四系被错动的迹象,第四系厚度无明显变化。近代国内强震没有对该区产生次生地震影响,断裂带位置上的建筑物没有观察到明显的裂缝和地裂缝,近期沿断裂带的地震记录没有活动性表现,近期及今后 100 年内发生 $M \geqslant$ 5 级地震的可能性不大,为微弱全新活动断裂。

根据《中国地震动参数区划图》(GB 18306—2015),水库场区地震动峰值加速度 $0.05g$,相应地震基本烈度为Ⅵ度。场地土的类型为中软场地土,场地类别为Ⅳ类。

参照《水电工程区域构造稳定性勘察规程》(NB/T 35098—2017),项目构造区地震动峰值加速度 $0.05g$,地震基本烈度Ⅵ度,5 km 范围内未见活断层,地震及震级 4(3/4)级 $\leqslant$ $M<6$ 级,未发现区域性重磁异常,区域构造稳定性分级为稳定性较好;水库构造稳定性评价为稳定性较好。

3.2.5　水文地质条件

该区地下水类型为第四系孔隙潜水和基岩裂隙水。

第四系孔隙潜水主要赋存于中细砂和含砾中粗砂中。补给主要受大气降水、海水和河流、水库的侧向补给,水位变化主要受潮水变化影响,排泄方式主要为地表径流。中细砂渗透系数为 7.6 m/d,含砾中粗砂渗透系数为 50 m/d,属较强~极强透水层。

基岩裂隙水主要分布于元古代变质岩和中生代印支期侵入岩的构造裂隙和风化裂隙中。由于变质岩系主要发育柔性褶皱构造,侵入岩体发育的断裂构造多以压扭性为主,节理裂隙多呈闭合型,裂隙的赋水性和导水性一般较差。

水库位于潮间带边缘,地下水为矿化水或咸水。本区域古为黄海水域,长期受海水浸渍,深层土壤为含盐度很高的重盐土,无淡水资源。浅层除库区和两岸河流部分地段埋有少量的淡水外,其余绝大部分为中强度矿化度水,其中一大部分为盐水和高浓度盐水区。

第四系潜水 pH = 7.3,矿化度 7.92 g/L,总硬度 81.48 德国度,属弱碱性半咸水,SO_4^{2-} 含量 630.2 mg/L,对普通混凝土具结晶类强腐蚀性。基岩裂隙水 pH = 8.3,矿化度 17.72 g/L,总硬度 197.01 德国度,属弱碱性咸水,SO_4^{2-} 含量 1 398.2 mg/L,对普通混凝土具结晶类强腐蚀性。海水 pH = 8.3,矿化度 37.53 g/L,总硬度 370.3 德国度,属弱碱性咸水,SO_4^{2-} 含量 3 643.3 mg/L,对普通混凝土具结晶类强腐蚀性。

3.3　主坝坝体质量评价

水库自 2004 年初次蓄水后,坝体纵横断面基本没有发生变化,为查明坝体填土质量,进行了钻探及原位测试,现就坝体、坝体外观质量分别进行质量评价。

3.3.1　主坝坝体外观

3.3.1.1　坝轴线及坝型

主坝全长 2 618.578 m,桩号 0+000 ~ 0+313.037 为直线段,拐角 22.512°折线至桩号 0+424.499,经一半径 20 m 的圆弧至桩号 0+432.357,桩号 0+432.357 ~ 2+622.495 为直线段。

主坝桩号 0+000 ~ 0+216.35 坝段轴线,与原北溢洪闸以北荣成至石岛公路轴线重合,桩号 0+216.35 ~ 0+313.037 为新建溢洪闸,桩号 0+313.037 ~ 0+432.357 坝段轴线由原公路轴线拐向原老坝上游侧 38.8 m 处,桩号 0+432.357 ~ 2+622.495 新建坝轴线在老坝上游侧,与老坝轴线平行,两轴线相距 38.8 m。

主坝桩号 0+000 ~ 0+216.75、0+324.09 ~ 0+344.48、2+555 ~ 2+622.49 坝段坝体结构为壤土心墙风化料砂壳墙,心墙顶宽 3.0 m,心墙上下游边坡为 1∶1;其余坝段为风化料均质坝。主坝桩号 2+622.49 ~ 副坝桩号 0+000 段为一山体。

3.3.1.2　坝顶

主坝桩号 0+000 ~ 0+216.75 坝段,坝顶公路为沥青路面,该段未设防浪墙,坝顶高程 9.0 m,坝顶宽 20.0 m。

主坝桩号 0+313.037 ~ 2+622.49 坝段,坝顶为混凝土路面,上游侧设 C20 钢筋混凝土防浪墙,墙厚 150 mm,墙顶高程 10.20 m,每 15 m 设一道分缝,分缝内设三毡二油,坝顶高程 9.0 m,坝顶宽 6.0 m,下游侧设 C15 预制混凝土板 120 mm×400 mm×800 mm 路缘石。

3.3.1.3　上游坝坡

上游坝坡高程 2.8 m 以上为 C20 混凝土护坡,自上而下为 C20 混凝土板、10 ~ 20 mm 碎石厚 100 mm、300 g/m² 土工布、中粗砂厚 100 mm,其下为坝体。C20 混凝土板尺寸为 2.0 m×20.0 m,斜坡厚 20 cm,平台厚 10 cm;抗冻等级为 F150。2.8 m 以下为抛石护坡及压重平台,抛乱石厚 1.0 m。

3.3.1.4　下游坝坡

下游坝坡在不同坡段采用不同的坡比。下游护坡在高程 4.5 m 以上为草皮护坡,并做 M10 浆砌石隔断进行防护。坝后排水沟为 U 形槽,横向排水沟 6.0 m 平台以上尺寸为外半径 125 mm、壁厚 6 cm,以下尺寸为外半径 200 mm、壁厚 6 cm,纵向排水沟尺寸为外半径 200 mm、壁厚 6 cm。4.5 m 以下为抛石护坡。

整个坝体外观轮廓与设计基本一致,无明显的破坏现象。

3.3.2　主坝坝体质量评价

坝体填土主要为全风化的花岗岩、片麻岩风化料,来源于库区周围的山坡,呈褐黄色、灰黄色,局部含大块石,致密,含水量低。分两期填筑而成。一期填筑高程为 0.68~2.23 m,底面高程 -4.7~-0.7 m,平均值为 -1.68 m,采用水中填筑施工,在后期的车辆荷载碾压下逐渐密实,从标贯数据看:标贯击数为 10~21.0 击,松散~中密,平均值为 16.2,处于中密的下限附近。

二期坝体填筑底面高程:桩号 0+432~0+900 坝段为 1.9~2.07 m,平均值为 1.98 m。桩号 0+900~2+000 坝段为 0.61~1.06 m,平均值为 0.79 m。桩号 2+000~2+400 坝段为 1.37~1.73 m,平均值为 0.79 m;桩号 2+400~2+565 坝段为 0.68~1.05 m,平均值为 0.75 m。在施工时进行分层碾压,用锹镐挖掘困难、钻进困难,从标贯数据看:标贯击数为 20~38 击,中密~密实,平均值为 28.9,处于中密的上限附近。在主坝下游坝坡进行了探坑,并取样进行了相对密度试验,相对密度为 0.70~0.86,平均值为 0.78,为中密~密实状态。对钻孔进行了注水试验,其渗透系数为 $2.70 \times 10^{-4} \sim 1.17 \times 10^{-3}$ cm/s,为中等透水性。

3.3.3　主坝防渗体及清基情况

主坝桩号 0+000~0+344.482、2+555~2+622.495 坝段为壤土心墙风化料砂壳坝,壤土心墙直接与基岩接触;桩号 0+335.592~2+565 坝段坝体采用复合土工膜防渗,坝基采用搅拌桩防渗墙,搅拌桩顶高程 4.8 m,底高程 -9.5~-5.0 m,并保证防渗体有效连接。主坝基岩进行了帷幕灌浆,灌浆范围为桩号 0+335.6~0+715.8,灌浆轴线长度 378 m,钻孔顶高程 1.0 m,底高程 -20.0 m,灌浆深度为全风化基岩顶面至 -20.0 m。

八河水库搅拌桩防渗墙段没有清基,在完成坝基人工堆积风化料填筑,地面标高达 0.68~2.23 m 后,进行坝基和下部坝体搅拌桩截渗墙施工。防渗墙轴线位于 5.5 m 平台内侧,桩基直径 0.5 m,桩距为 0.35 m,顶高程 4.8 m,底高程 -9.5~-5.0 m。

上部坝体防渗采用复合土工膜,土工膜采用两布一膜,膜厚 0.5 mm,规格为 300 g/m^2。

主坝桩号 0+335.592~2+565 坝段坝基采用搅拌桩防渗墙,桩基直径 0.5 m,桩距 0.35 m,顶高程 4.8 m,底高程 -9.5~-5.0 m,搅拌桩截渗墙最大深度为 14.3 m,孔位偏差 ±3 cm,孔斜率顺坝轴线方向 <2.5‰,垂直坝轴线方向 <3.0‰,成墙工艺为复搅工艺,每根桩每延米水泥用量应控制在(60±2) kg。

为确保防渗墙的施工质量,在施工前进行了每 50 m 一个先导孔勘察,查清了地层分布,工程完工后每 100 m 进行了钻芯检验,经质检确保墙体密实连续,渗透系数达到 1.0×10^{-8} cm/s,并且在主坝南端采用了高喷连续墙(面积 4 512.93 m²),避免了坝基孤石、粉喷桩对搅拌桩施工的影响,确保了土工膜、防渗体和坝基淤泥层形成完整的防渗体系。

复合土工膜从防浪墙开始顺大坝上游坝坡敷设,在上游 5.5 m 平台处向下与搅拌桩连接形成完整的坝体、坝基防渗体,土工膜的接缝方式采用热熔结。土工膜在坝体两端埋入心墙内 2.0 m,土工膜与土工布搭接 2.0 m,见图 2-3-2。

经查勘施工资料:土工膜和防渗体连接良好,具有较好的可靠性,见图 2-3-2。

(a)防渗墙开挖质量　　　　　　　(b)防浪墙与土工膜连接质量

图 2-3-2　防渗体、土工膜及连接质量

溢洪闸边墩为扶壁式钢筋混凝土挡土墙,边墩与两岸连接采用扶壁为刺墙,帷幕灌浆体与心墙连接采用坝基平铺黏土连接。

为检测复合土工膜的防渗性能,采用简易的电法对复合土工膜渗漏部位进行检测,采用膜下充电,对膜上进行电位测试,通过 3 个部位 100 m² 的测试,没有发现明显的电场异常现象,说明复合土工膜比较完整,不存在渗漏现象。

主坝帷幕灌浆体透水率小于 1 Lu,土工膜完整,未发现明显的损坏现象,与两岸坝体、防浪墙、搅拌桩截渗墙均进行了有效连接,在局部存在孤石等特殊情况部位进行高喷截渗墙连接,搅拌桩截渗墙在施工前均进行了先导孔勘察,保证了截渗墙入淤泥质土的深度,通过查看施工和验收资料,主坝坝体、复合土工膜、防渗体、淤泥质土形成了完整防渗体系。水库运行近十年,未出现异常渗漏现象,从现场勘察看,未发现异常渗漏部位。

3.4 副坝坝体质量评价

3.4.1 副坝坝体外观

3.4.1.1 坝轴线及坝型

副坝全长 2 027 m,副坝起点桩号为 0+000,直线至桩号 0+419.052,经一半径 525 m 的圆弧至桩号 1+146.8,经一半径 300 m 的圆弧至桩号 1+430.4,经一半径 50 m 的圆弧 至桩号 1+500.7,直线至桩号 2+027。

副坝为复合土工膜风化料均质坝。桩号 0+000~0+445、1+425~1+530、2+000~ 2+027 坝段,坝基岩面较高,采用复合土工膜埋入混凝土齿槽防渗,混凝土齿槽直接与基 岩连接。其余采用坝体复合土工膜与搅拌桩截渗墙连接。

3.4.1.2 坝顶

副坝坝顶为混凝土路面,上游侧设 C20 钢筋混凝土防浪墙,墙厚 150 mm,墙顶高程 10.20 m,每 15 m 设一道分缝,分缝内设三毡二油,坝顶高程 9.0 m,坝顶宽 6.0 m,下游侧 设 C15 预制混凝土板 120 mm×400 mm×800 mm 路缘石。

3.4.1.3 上下游坝坡

副坝桩号 0+000~0+445、2+000~2+027 坝段坝基基岩面高程较高,该坝段上下游不 设平台。桩号 0+445~1+425 坝段坝基表层有一层淤泥质粉细砂,较软弱,在上游 4.0 m 高程处设一 10.0 m 宽的平台、2.0 m 高程设一 7.0 m 宽的平台,下游侧在 3.5 m 高程处 各设一 8.0 m 宽的平台,桩号 1+425~1+843 坝段坝基有一层淤泥质粉细砂,较软弱,覆盖 层较浅,在上下游 4.0 m 高程处各设一 10.0 m 宽的平台。

副坝上下游边坡均为 1:3.0,上游护坡采用 C20 混凝土护坡,抗冻等级 F150,下游护 坡为草皮护坡。

上游坝坡高程 2.0 m 以上为 C20 混凝土护坡,自上而下为 C20 混凝土板、10~20 mm 碎石厚 100 mm、300 g/m² 土工布、中粗砂厚 100 mm,其下为坝体。C20 混凝土板尺寸为 2.0 m×20.0 m,斜坡厚 20 cm,平台厚 10 cm;抗冻等级为 F150。2.0 m 以下为抛石护坡及 压重平台,抛乱石厚 1.0 m,坡比为 1:5.0。

下游护坡为草皮护坡,并做 M10 浆砌石隔断进行防护。坝后排水沟为 U 形槽,纵横 向排水沟尺寸为外半径 125 mm,壁厚 6 cm。

坝脚排渗沟按排涝设计,设计底宽 1.5 m,平均沟深 1.5 m,浆砌石结构。现坝后成为 公园,公园内新建了排水系统,现坝脚排渗沟仅起到坝坡排水作用。

整个坝体外观轮廓与设计基本一致,无明显的破坏现象。

3.4.2 副坝坝体质量评价

坝体填土主要为全风化的花岗岩、片麻岩风化料,来源于库区周围的山坡,呈褐黄色、 灰黄色,局部含大块石,致密,含水量低。分两期填筑而成。一期填筑高程为 3.3 m,防渗墙施工后,完成剩余部分工程,在施工时进行分层碾压,用锹镐挖掘困难、钻进困难,从标贯数据看:标贯击数为 20~36 击,为中密~密实状态,平均值为 28.3,处于中密的上限附近。在副坝下游坝坡进行了探坑,并取样进行了相对密度试验,相对密度为 0.72~0.82,平均值为 0.76,为中密~密实状态。对钻孔进行了注水试验,其渗透系数为 4.9×10^{-4} ~ 1.56×10^{-3} cm/s,为中等透水性。坝体标贯击数统计见表 2-3-1。

表 2-3-1　坝体标贯击数统计

勘探点编号	试验段深度/m	标贯击数 N/(击/30 cm)	标贯修正击数 N/(击/30 cm)
副 1+000	2.20~2.50	33.0	32.1
	4.20~4.50	31.0	28.5
	6.20~6.50	30.0	26.4
	8.20~8.50	23.0	19.0
副 1+600	2.20~2.50	24.0	23.4
	4.20~4.50	20.0	18.4
	6.20~6.50	32.0	28.2
	8.20~8.50	36.0	29.8
	10.20~10.50	12.0	9.6

3.4.3　副坝防渗体及清基情况

桩号 0+000~0+200、1+425~1+530、2+000~2+027 坝段,坝基岩面较高,采用复合土工膜埋入混凝土齿槽防渗,混凝土齿槽直接与基岩连接,0+200~0+430 坝段为黏土心墙防渗;其余采用坝体复合土工膜与搅拌桩截渗墙连接。

防渗墙轴线位于 4.0 m 高程平台内侧。搅拌桩截渗墙采用多钻头搅拌桩,桩径为 0.5 m,成墙工艺为复搅工艺,水泥采用 32.5R 火山灰质硅酸盐水泥,水泥浆水灰比为 1:1,墙底高程为基岩面,最大深度为 10 m。

上部坝体防渗采用复合土工膜,土工膜采用两布一膜,膜厚 0.5 mm,规格为 300 g/m²。

从现场勘探可知:土工膜完整,未发现明显的损坏现象,与两岸坝体、防浪墙、搅拌桩截渗墙均进行了有效连接,搅拌桩截渗墙均进入基岩;通过查看施工和验收资料,坝体、复合土工膜、防渗体、坝基基岩形成了完整防渗体系。水库运行近十年,未出现异常渗漏现象。

3.5　大坝工程地质条件及评价

3.5.1　地层岩性及其分布

3.5.1.1　主坝

主坝坝址坝基地层为新近沉积的第四系松散堆积物,主要岩性包括淤泥、淤泥质黏土、砂和片麻岩等,坝基下伏基岩为胶东群民山组片麻岩,粒状变晶结构,片麻状构造,主要矿物成分为石英、长石、云母等。按钻孔揭露基岩风化程度不同,可划分为全风化、强风化及中等风化 3 个风化带,其中全风化带断续分布,厚度一般为 0.5~2.0 m;强风化带厚度为 2~6 m;中等风化未见底。

主坝②1 层粉细砂,渗透系数为 2 m/d,属较强透水层;②2 层淤泥质粉细砂,渗透系数为 0.67 m/d,属弱透水层;②3 层中细砂,渗透系数为 7.6 m/d,属强透水层;④层淤泥质粉细砂、⑤层砾质细砂、⑥层砾质中粗砂、⑦层砾砂、⑧层砾质中粗砂和⑩层砾质中粗砂属弱~极强透水层,因其均在③1 层淤泥、③2 层淤泥质黏土之下,对坝基渗漏不起控制作用。

在设计中以③1 层淤泥(Q_4^{m})、③2 层淤泥质黏土(Q_4^{m})作为坝基隔水底板,③1 层淤泥、③2 层淤泥质黏土厚度为 3.4~10.2 m,分布连续,渗透系数为 $3.33×10^{-7}$ cm/s,满足隔水底板要求。

3.5.1.2　副坝

副坝分为北、西两段,在勘探深度范围内,副坝坝基主要地层包括淤泥、淤泥质黏土、砂和片麻岩等,坝基①2 层淤泥质粗砂,渗透系数为 $1.39×10^{-2}$ cm/s,属强透水层;②2 层淤泥质粉细砂,渗透系数为 $7.75×10^{-4}$ cm/s,属弱透水层;⑤1 层砾质中粗砂,渗透系数为 $3.47×10^{-2}$ cm/s,属强透水层;④1 层壤土的渗透系数为 $7.68×10^{-6}$ cm/s,与基岩构成相对隔水层。

3.5.2　坝基质量评价

对③1 层以上坝体土层进行了勘察,评价如下:

(1)粉砂、细砂:灰色,稍密,分选性、磨圆度较好,主要成分为石英、长石,见少量小贝壳。对主坝③1 层以上中细砂进行了标贯试验,其标贯击数为 12~26 击,平均为 16.8 击,为中密状态。

(2)淤泥质黏土:软可塑,韧性中等,无摇振反应,含少量小贝壳,标贯击数为 2~7 击,平均为 5 击。局部呈软塑状态,从施工资料看:老坝坝基淤泥预压 20 年未固结,施工现场试验证明,淤泥强度低、排水固结困难。从本次勘察看,淤泥强度低,个别部位标贯击数仅 2 击,呈软塑状态,说明坝基淤泥固结困难。

3.5.3　土的渗透变形判断

根据《水力发电工程地质勘察规范》(GB 50287—2016),对大坝坝体进行的渗透变形分析如下。

砂性土的管涌和流土应根据土的细粒含量,采用下列方法判断:

管涌:
$$P_c < \frac{1}{4(1-n)} \times 100 \qquad (2\text{-}3\text{-}1)$$

流土:
$$P_c \geqslant \frac{1}{4(1-n)} \times 100 \qquad (2\text{-}3\text{-}2)$$

式中:P_c 为土的细粒颗粒含量,以质量百分率计(%);n 为土的孔隙率(%)。

(1)流土型渗透变形临界水力坡降采用下式计算:
$$J_{cr} = (G_s - 1)(1 - n) \qquad (2\text{-}3\text{-}3)$$

式中:J_{cr} 为土的临界水力坡降;G_s 为土粒比重。

土的允许水力比降 $J_{允许} = 0.5 J_{cr}$。

(2)管涌型渗透变形临界水力坡降采用下式计算:
$$J_{cr} = 2.2(G_s - 1)(1 - n)^2 \frac{d_5}{d_{20}} \qquad (2\text{-}3\text{-}4)$$

式中:d_5、d_{20} 分别为占总土重的5%和20%的土粒粒径,mm。

土的允许水力比降 $J_{允许} = 0.67 J_{cr}$。

坝体土料基本参数见表2-3-2;根据土料的基本参数判断的渗透变形类型及计算的临界水力比降值见表2-3-3。

表 2-3-2　坝体土料基本参数

部位	不均匀系数 C_u	细颗粒含量 P_c/%	孔隙率/%	比重 G_s	d_5/mm	d_{10}/mm	d_{20}/mm
坝体	23.34	20	42.0	2.65	0.1	0.155	0.4
坝基细砂	11.6	70	45.0	2.67	0.002	0.01	0.026

表 2-3-3　渗透变形类型及水力坡降值

部位	渗透变形类型	临界水力坡降	允许水力坡降	水平段允许水力比降
坝体	管涌	0.52	0.35	0.1
坝基细砂	流土	0.82	0.41	0.1

注:水平段允许水力比降建议值参考《水闸设计规范》(SL 265—2016)。

3.6　溢洪道(闸)工程地质条件

闸基主要分布有元古代晋宁期变质岩和中生代印支期侵入岩。

片麻状花岗闪长岩为全风化,呈砂状,局部碎块状,全风化带厚度一般为0.5~4.64 m,全风化下限高程为-5.05~-0.54 m。强风化岩石呈碎块状,强风化下限高程为

-11.70~29.04 m。中等风化岩石结构、构造清晰,岩石中穿插石英岩脉和正长岩脉。该岩层分布于帷幕灌浆体下游,向下游岩面逐渐降低。

正长岩分布于变质岩中,分布桩号 0+332~0+392,主要为强风化和中等风化,强风化岩石呈碎块状,强风化带厚度一般为 6.30~8.50 m,下限高程为-16.75~-16.30 m。该岩层分布于帷幕灌浆体上游,地表出露。

闸基附近地面高程为-1.24~-0.22 m,表面为淤泥和全风化片麻状花岗闪长岩。淤泥分布于桩号 0+244~0+372,层厚 0.2~0.4 m。全风化片麻状花岗闪长岩,下限高程为-5.05~-0.54 m,渗透系数为 6.5×10^{-3} cm/s,承载力为 350 kPa;强风化带渗透系数为 6.5×10^{-5} cm/s,承载力为 800 kPa;闸基与闸底板摩擦系数为 0.40。

闸室底板上游侧齿坎底高程为-0.24 m。闸底板底高程为-1.7~-0.9 m;闸墩底部底高程为-1.7~1.4 m;上游铺盖底高程为-0.6 m,消力池底板底高程为-2.5 m;公路桥为桩基,桩基直径为 1.2 m,桩底高程为-11.20 m。

桥头堡基础为地梁,梁下为钢筋混凝土柱,柱下独立基础坐落在基岩上。

在施工时,闸基将全风化岩层全部清除,M10 浆砌块石回填至闸基设计高程。铺盖及海漫基础将基础软弱层全部清除,夯实壤土回填至设计高程,控制室基础顶面至闸室边墩底面填土为水泥土,水泥含量为 10%。

溢洪闸控制段坐落在基岩上,基岩防渗为帷幕灌浆,基岩帷幕灌浆轴线位于溢洪闸闸室中心线上游侧 5.0 m,灌浆范围为桩号 0+210~3+300,灌浆深度为全风化基岩顶面至弱风化基岩顶面以下 5.0 m。灌浆控制标准为透水率小于 1 Lu。由施工资料可知:帷幕灌浆检查孔透水率均小于 1 Lu,满足设计要求。

闸基扬压力观测分别在 1 号、5 号中墩中设 3 根测压管,分别观测闸室底板上、中、下游的基底扬压力。在库水位 2.4 m 时,上游测压管堵塞,中间测压管水位高程 1.0 m、下游测压管水位高程 0.2 m,与下游水位基本持平,说明闸底板防渗效果较好。

溢洪道两端为心墙砂壳坝,溢洪闸边墩外侧设扶壁与壤土心墙连接,边墩后壤土心墙填土为水泥土,水泥掺量为 8%,经现场查看,边墩两侧未发生绕渗现象。绕渗观测分别在边墩外侧 0.5 m 处设坝体测压管,每侧设 3 根。在库水位 2.4 m 时,上游测压管管水位高程 1.9 m、中间为 0.9 m、下游无水(在 11:30 测量),说明闸边墩不存在绕渗现象。溢洪闸不存在沉陷、不均匀变形现象。

4 水文和洪水复核

4.1 基本概况

4.1.1 流域自然地理概况

八河水库位于山东省荣成市,地处小落河、王连河下游入海口,八河港港湾处,濒临黄海。控制流域面积 256.0 km²,其中山丘区占 5%、丘陵区占 75%、平原区占 20%。多年平均降水量 793 mm,多年平均径流量 5 846 万 m³。流域形状为扇形,平均宽度 16.0 km,干流平均坡度 1.4‰,流域内土壤主要为沙土、沙壤土,植被较好,主要农作物有小麦、玉米、花生等,流域示意图见图 2-4-1。

八河水库属暖温带季风区海洋性气候,春季风多雨少,夏季湿热多雨,秋季凉爽易旱,冬季寒冷多雪。多年平均年降水量 680 mm,降水量年际、年内分布很不均匀,年内降雨多集中在 6~9 月,汛期(6~9 月)多年平均降水量 495.1 mm,占全年降水量的 72.8% 以上。流域内昼夜温差较小,无霜期较长。

4.1.2 上游水利工程概况

八河水库上游有 1 座中型水库——湾头水库,控制流域面积 28 km²,总库容 1 547 万 m³,兴利库容 930 万 m³。控制流域面积占八河水库全流域面积的 10.9%,兴利库容占八河水库兴利库容的 13.1%,总库容占八河水库总库容的 14.8%。1 座小(1)型水库,38 座小(2)型水库,控制流域面积 35.93 km²,总库容 1 070.71 万 m³,兴利库容 570.45 万 m³,控制流域面积占八河水库全流域面积的 14.0%,兴利库容占八河水库兴利库容的 8.0%,总库容占八河水库总库容的 10.3%。

4.1.3 暴雨特性

八河水库坝址位于荣成市市区南 14 km,崂山街道办烟墩村,小落河下游入海口。属沿海性气候,降水量年内分配不均,降水主要集中在汛期 6~9 月,暴雨洪水多发生在夏季 7~8 月,多年平均汛期降水量占全年降水量的 70% 以上。降水量年际变化较大,根据流域周围邻近雨量站实测暴雨资料分析,最大年降水量为 2003 年的 1 219.7 mm,最小年降水量为 1999 年的 383.7 mm,丰枯比为 3.2,各站多年平均年最大 24 h 降水量在 106.3~122.6 mm,年最大 24 h 降水量实测最大值为 1997 年的 402.8 mm,实测最小值为 2000 年的 45.5 mm,最大值为最小值的 8.9 倍。

4.1.4 水文资料概况

八河水库于 1978 年 12 月建成蓄水,于 2001 年扩建为大(2)型水库。2005 年设水文

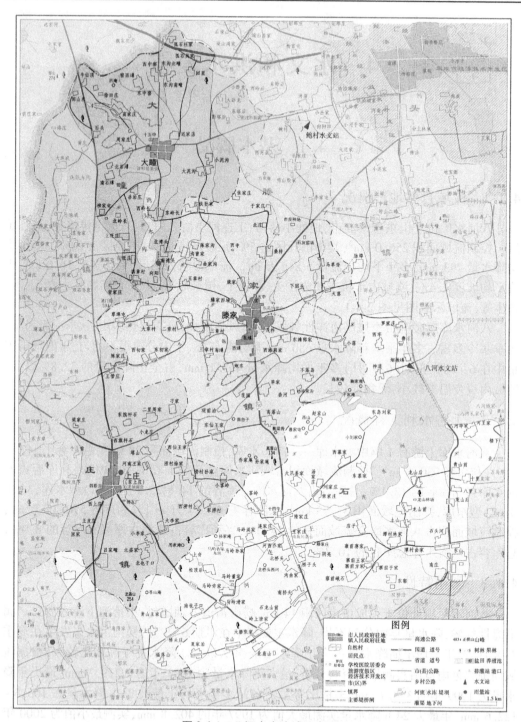

图 2-4-1　八河水库流域示意图

站,观测项目有坝上水位、降水量、蒸发、潮水位,水库流域内设八河、王连、湾头 3 处自动
雨量监测站。但由于上述雨量站建站时间较短,资料系列不满足计算要求,本次计算选用
流域周边鲍村、坤龙邢、山马家、黄山、石岛 5 处国家雨量站,鲍村站设立于 1951 年 6 月,

坤龙邢站设立于 1953 年 1 月,山马家站设立于 1964 年 6 月,黄山站设立于 1965 年 6 月,石岛站设立于 1952 年 7 月。选用的各雨量站均有自设立之年至 2012 年连续实测的雨量资料。本次计算采用各站有资料以来的雨量系列,用于绘制地区综合频率曲线,进而求出八河流域设计面雨量。

4.1.5 执行标准

(1)洪水标准:执行《防洪标准》(GB 50201—2014)和《水利水电工程等级划分及洪水标准》(SL 252—2017),正常运用(设计)洪水标准为 50 年一遇($P=2\%$),增加 20 年一遇和 30 年一遇洪水标准;非常运用(校核)洪水标准为 300 年一遇($P=0.33\%$)和 500 年一遇($P=0.2\%$)。

(2)设计洪水计算:执行《水利水电工程设计洪水计算规范》(SL 44—2006)。

(3)防洪安全核算:执行《碾压式土石坝设计规范》(SL 274—2020)。

本次计算未采用 2001 年《八河水库扩建工程初步设计报告》中的水位–库容–泄量关系,而是采用山东省水利科学研究院《八河水库大坝安全复核报告》中最新的计算成果,具体见表 2-4-1。

表 2-4-1 八河水库水位、库容、水面面积、泄量关系

水位/m	库容/万 m³	水面面积/km²	溢洪道泄量/(m³/s)
-4.9	0	0	
-4.5	0.012 1	0.000 906	
-4.0	0.151 3	0.005 264	
-3.5	0.654 4	0.015 804	
-3.0	1.709 5	0.026 885	
-2.5	3.289 8	0.036 576	
-2.0	5.407 9	0.048 423	
-1.5	8.744 9	0.086 920	
-1.0	33.623 2	1.096 991	
-0.5	176.125 9	5.090 150	
0	487.677 8	7.446 402	
0.5	909.188 9	9.453 925	
1.0	1 431.427 7	11.468 018	
1.5	2 032.345 7	12.577 234	

水位/m	库容/万 m³	水面面积/km²	溢洪道泄量/m³/s
1.9	2 551.477 1	13.222 256	0
2.0	2 681.259 9	13.383 511	115.20
3.0	4 182.127 7	16.694 786	489.36
4.0	5 987.777 0	19.453 337	788.27
5.0	8 019.921 3	21.202 092	1 100.0
6.0	10 262.964 9	23.681 627	1 458.92
7.0	12 749.029 3	26.058 603	1 838.4
8.0	15 498.133 0	28.948 799	2 269.37

注：水位-库容-水面面积关系曲线来源于八河水库雨洪资源利用成果；水位-泄量关系采用值来源于山东省水利科学院最新调算结果。水准基面采用 1985 国家高程基准。

4.2 历次设计洪水计算成果

八河水库自 2001 年扩建为大(2)型水库后，未进行过设计洪水复核，本次计算成果与 2001 年扩建工程设计成果进行比较。

由于八河水库扩建时流域内尚无实测径流资料，亦无实测降雨资料，故水库扩建设计洪水计算采用无资料地区推求设计暴雨及设计洪水的方法，根据《山东省暴雨查算图表》最大 24 h 暴雨等值线图，计算不同频率的设计暴雨，采用综合瞬时单位线法推求坝址洪水。其设计洪水成果为：20 年一遇设计入库洪峰流量 1 759.4 m³/s，相应洪水总量 6 959 万 m³；50 年一遇设计入库洪峰流量 2 251.3 m³/s，相应洪水总量 8 853 万 m³；300 年一遇校核入库洪峰流量 3 545.7 m³/s，相应洪水总量 13 206 万 m³；调洪成果为：$P=2\%$ 调洪最高洪水位 6.36 m，最大下泄流量 1 642.1 m³/s；$P=0.33\%$ 调洪最高洪水位 7.05 m，最大下泄流量 1 908.3 m³/s。

本次计算成果与 2001 年成果见表 2-4-2。

表 2-4-2 八河水库历次水文计算成果

设计项目	设计频率/%	核算时间(年-月)	
		2001-03	2014-06
最大 24 h 面雨/mm	$P=2\%$	311.3	304.9
	$P=0.33\%$	436.4	444.7
24 h 设计净雨/mm	$P=2\%$	270.9	273.3
	$P=0.33\%$	400	397.9

续表 2-4-2

设计项目	设计频率/%	核算时间(年-月)	
		2001-03	2014-06
设计洪峰流量/ (m³/s)	$P=2\%$	2 251.3	2 189
	$P=0.33\%$	3 545.7	3 511
设计洪水总量/ 万 m³	$P=2\%$	8 853	8 440
	$P=0.33\%$	13 206	13 056
设计洪水位/m	$P=2\%$	6.36	6.40
	$P=0.33\%$	7.05	7.23
设计最大泄量/ (m³/s)	$P=2\%$	1 642	1 613
	$P=0.33\%$	1 908	1 939

4.3 由暴雨资料推求设计洪水

八河水库在 2005 年设立水文站,观测项目有坝上水位、降雨量、蒸发、潮水位。水库流域内设八河、王连、湾头 3 处自动雨量监测站。但由于上述雨量站建站时间均较短,资料系列不满足计算要求,本次计算选用流域周边鲍村、坤龙邢、山马家、黄山、石岛 5 处国家雨量站,采用地区综合频率法推求设计面雨量,用查暴雨统计参数等值线图法做对比分析。

4.3.1 设计雨期的确定

设计雨期的确定应以满足水库防洪安全要求为原则,八河水库控制流域面积为 256.0 km²,属小流域。根据山东省其他相似流域的洪水过程分析,洪水持续时间一般不超过 72 h,从水库安全考虑,本次计算设计雨期确定为 3 d,计算控制时段为 24 h 和 3 d。

4.3.2 设计雨量的分析计算

采用两种方法计算,一种是采用实测暴雨地区综合频率曲线法,另一种是查暴雨统计参数等值线图法。计算成果见表 2-4-3。

表 2-4-3　八河水库不同计算方法设计洪水成果综合比较

方法	设计频率/%	$Q_m/(m^3/s)$	W_6/万 m^3	W_{24}/万 m^3	W_{72}/万 m^3
实测暴雨地区综合频率曲线法	5	1 771	3 319	5 892	6 741
	3.33	1 965	3 674	6 497	7 466
	2	2 189	4 082	7 264	8 349
	1	2 804	5 210	9 104	10 479
	0.33	3 511	6 518	11 246	12 950
	0.2	3 752	6 956	11 942	13 750
暴雨统计参数等值线图法	5	1 772	3 321	5 901	7 115
	3.33	1 915	3 594	6 374	7 823
	2	2 190	4 084	7 275	8 880
	1	2 816	5 236	9 153	11 272
	0.33	3 455	6 420	11 090	13 751
	0.2	3 774	6 981	11 989	14 856

4.4　设计洪水计算成果的合理性分析

4.4.1　成果合理性分析

本次设计洪水计算采用了大量实测暴雨资料,所用资料系列为各站自建站以来至2012 年的雨量资料系列,资料可靠,系列较长,代表性好。设计暴雨计算分别采用了实测暴雨地区综合频率曲线法和暴雨统计参数等值线图法进行计算,对计算成果进行了分析选定,确保计算成果的合理性。产流计算采用水文图集中降雨径流关系 2 号线。汇流计算采用瞬时单位线方法,计算成果进行比较分析,确定本次由暴雨资料推求的设计洪水成果是合理的。

4.4.2　与扩建工程设计洪水计算成果比较

八河水库自 2001 年扩建为大(2)型水库后,未进行过设计洪水复核,本次计算成果与 2001 年扩建工程设计洪水成果进行比较。本次计算的设计面雨、设计净雨与 2001 年成果的设计值基本一致,洪峰流量及各时段洪量略有差别。分析其原因主要是本次计算将八河流域分为湾头水库流域及区间流域两个部分,将湾头水库单独进行相应频率的洪水调算,且本次计算充分考虑水库上游 38 座小型水库垮坝时对八河水库入库洪水的作用,将 100 年一遇以上的校核洪水均放大 10%。

5　运行管理评价

5.1　管理机构和管理制度

荣成市八河水库管理局属全额拨款事业单位,主要经济来源是大水面租赁费用和水费收入,行政级别为正科级。全局共有干部职工 22 人,工程技术人员 2 人,其中工程师 1 人。管理局下设办公室、工程科、财务科、经营科、水政监察中队等主要职能科室。2001 年 7 月,成立了荣成市八河水库管理局,具体负责八河水库的工程管理,并建立健全各个岗位责任制科室,使八河水库的管理走上正常化、制度化。

为确保工程安全,管理局依照《水库工程管理通则》《水闸管理通则》及有关大坝安全管理法规文件,并结合水库实际情况,制定了《八河水库工程管理规则》。

5.2　管理设施

八河水库防汛交通、通信、供电及办公等管理设施较好,能满足水库安全运行管理需要。

5.3　工程现状

八河水库自扩建工程开始蓄水运行以来一直以最低水位运行,水库大坝及溢洪道未经过高水位的考验。

水库下游为黄海,无城镇、农村及厂矿企业,坝后压重平台为荣成市区通往石岛城区的主要交通干线之一。

工程规划设计标准是:50 年一遇洪水设计、300 年一遇洪水校核。

八河水库灌区设计灌溉面积 10 万亩,因水库海拔较低,均为提水灌溉。灌区涉及滕家镇和崂山、王连、东山街道。

5.4　工程安全监测与巡视检查

5.4.1　安全监测机构设置与安全运行管理的规章制度

八河水库安全管理与监测工作由工程科负责。水库自 2004 年竣工投入运行以来,即制定了《大坝安全检查观测制度》《大坝安全巡视检查观察细则》《大坝安全管理责任制》等制度。实行"四固定",即人员固定、仪器固定、测次固定、时间固定。

大坝的巡视检查分为日常巡视检查、年度巡视检查、特别巡视检查3类。

（1）日常巡视检查：根据大坝的具体情况和特点，制定了切实可行的巡视检查制度，规定巡视检查的时间、部位、内容和要求，并确定日常的巡回检查路线和检查顺序，由有经验的技术人员负责进行。

（2）年度巡视检查：在每年的汛前、汛中、汛后，按规定检查项目，由管理局负责人组织领导，对大坝进行比较全面或专门的巡视检查。

（3）特别巡视检查：当大坝遇到严重影响安全运用的情况（如发生暴雨、大洪水、有感地震、强热带风暴以及水位骤升骤降或持续高水位等），发生比较严重的破坏现象或出现其他危险迹象时，由主管工程的负责人组织特别检查。对发现的问题认真做好记录，及时汇报并处理；对观测资料及时进行整编分析，以确保工程安全运行。

渗流监测主要是对坝体渗透压力和坝基渗透压力进行监测。

工程的维修养护工作由管理局下设的维修养护队负责。维修养护队由6人组成，具体负责工程的维修养护工作，如坝顶道路的维修养护、坝前坡的零星维修、溢洪闸设备维修养护及其他等工作。维修养护队建立了应急制度，遇到突发事件能够紧急出动，迅速排除故障和险情。

八河水库自建成以来，运行管理情况比较正常。在暴雨和洪水到来之前，运行管理人员都严阵以待，未雨绸缪，及早地拿出对策，应对可能到来的洪水，科学调度，合理泄洪，所以未发生重大险情事故以及人员伤亡。

水库大坝安全监测中的水文测报由八河水库水文站全面负责。

5.4.2　观测设施的安设情况

八河水库扩建工程设计工程观测内容主要包括坝体、坝基渗流观测，坝体沉陷位移观测，溢洪闸渗流及沉陷位移观测。

主坝渗流观测共设置5个断面，分别位于桩号0+400、0+800、1+200、1+600、2+000处，每个断面均设置4根测压管。其中，1号测压管位于新建坝轴线上游侧4.0 m处，2号测压管位于新建坝轴线下游侧4.0 m处，3号测压管位于新建坝轴线下游侧16.0 m处，4号测压管位于新建坝轴线下游侧40.0 m处。

主坝沉陷位移观测共设置7个断面，分别位于桩号0+400、0+700、1+000、1+300、1+600、1+900、2+200处，每个断面均设置4个沉陷位移标点。其中，1号标点位于新建坝轴线上游侧33.0 m处，2号标点位于新建坝轴线上游侧20.0 m处，3号标点位于新建坝轴线上游侧5.0 m处，4号标点位于新建坝轴线下游侧12.0 m处。

副坝渗流观测共设置4个断面，分别位于桩号3+000、3+600、4+200、4+600处，每个断面均设置4根测压管。其中，1号测压管位于副坝轴线上游侧4.0 m处，2号测压管位于副坝轴线下游侧3.0 m处，3号测压管位于副坝轴线下游侧10.0 m处，4号测压管位于副坝轴线下游侧20.0 m处。

副坝沉陷位移观测共设置4个断面，桩号与副坝测压管断面桩号一致，每个断面均设置4个沉陷位移标点。其中，1号标点位于副坝轴线上游侧20.0 m处，2号标点位于副坝轴线上游侧4.0 m处，3号标点位于副坝轴线下游侧3.0 m处，4号标点位于副坝轴线下游侧 20.0 m 处。

溢洪闸观测设施包括上下游水位观测,水平位移、沉降观测,以及扬压力、绕渗观测。

上下游水位观测分别在 3 号、5 号中墩中设置 φ100 测井,直接观测上下游水位。

水平位移、沉降观测标点设在两侧边墩及上下游翼墙上,每侧设置 4 个。

闸基扬压力观测在 3 号、5 号中墩中分别设置 3 根测压管,用来观测闸室底板上、中、下游的基底扬压力。

绕渗观测分别在边墩外侧 0.5 m 处设置坝体测压管,每排设置 4 根。

在八河水库实际施工中,主要完成了坝体、坝基渗流观测及溢洪闸渗流观测,大坝沉陷位移观测并未完成。

5.4.3　水文、气象观测

库区水文、气象观测由水文站完成,观测项目、频次、记录以及观测成果均分别严格按照《山东省水库大坝安全监测工作暂行规定》执行,观测工作较为系统、规范,资料较为完整。

5.4.4　巡视检查

(1)每个月至少由专业技术管理人员对枢纽水工建筑物可见部位进行一次常规性检查,检查结果填表存档。

(2)在每年的汛前汛后、用水期前后,由专人负责对枢纽工程设施进行全面检查,检查结果归档。

(3)当水库遇到严重影响安全运用的情况(如发生暴雨、大洪水、有感地震、强热带风暴以及库水位骤升骤降或持续高水位等)、发生比较严重的破坏现象或出现其他危险迹象时,由单位负责人组织特别检查,必要时组织专人对可能出现险情的部位进行连续监视,发现问题立即上报。

5.5　大坝建设与运行情况

5.5.1　兴建缘由、作用

八河水库是荣成市控制流域面积最大的蓄水工程,根据 1959~1999 年径流量分析,多年平均径流量 5 846 万 m³,最大达 15 295 万 m³,但由于水库调节库容小,大部分水不能拦蓄,形成一方面水资源严重不足,另一方面又不得不大量弃水的局面。为了改变这种状况,荣成市委、市人民政府经多方考察论证,决定兴建八河水库扩建工程。

经水资源供需平衡分析,在现状供水条件下,在保证率 50% 时,全市、石岛区分别缺水 680 万 m³、897 万 m³,崖头区余水 666 万 m³;在保证率 75% 时,全市、崖头区、石岛区分别缺水 4 311 万 m³、264 万 m³、1 817 万 m³;在保证率 95% 时,全市、崖头区、石岛区分别缺水 10 721 万 m³、1 964 万 m³、2 917 万 m³。

2010 年,在保证率 50% 和 75% 时,各区都不缺水。但在保证率 95% 时,各区仍将缺水,缺水量分别为 6 772 万 m^3、292 万 m^3、303 万 m^3,缺水率分别为 29%、4%、4.7%。

从水资源供需分析结果可以看出:现有水利工程供水量既不能满足现状需水要求,更无法满足未来国民经济发展需水要求。鉴于此,开辟新的水源工程就显得非常迫切和必要。

荣成市地表水资源是该区主要水源,多年平均地表水资源量为 39 800 万 m^3,但现状蓄水工程调节库容只有 13 289 万 m^3,多年平均供水量仅为 11 400 万 m^3,地表水资源利用率仅达到 28.6%。由此可见,荣成市地表水开发仍存在着较大潜力。

为提高当地水资源利用率,一是通过调控措施,提高现有水利工程的蓄水量;二是通过新建工程增加蓄水量。

八河水库始建于 1978 年,控制流域面积 256.0 km^2,是荣成市控制流域面积最大的蓄水工程。水库始建设计总库容 4 570 万 m^3,其调节库容仅 890 万 m^3。根据 1959~1999 年径流量分析,其多年平均径流量 5 846 万 m^3,最大达到 15 295 万 m^3,大部分水量不能拦蓄,造成水资源的巨大浪费。因此,扩建八河水库对于缓解崖头、石岛两城区及周边乡镇的水资源供需矛盾,提高水资源利用率,促进荣成市国民经济发展具有重要的意义。

5.5.2　工程施工概况

八河水库扩建工程是山东省首例在淤泥地基上兴建的大型水利工程,难度相当大。根据初步设计及其批复的要求,对坝基淤泥层加固及坝基防渗处理进行了工程试验,以确定坝基淤泥层处理和坝基截渗方式。为了搞好工程建设的管理工作,荣成市人民政府于 2001 年 7 月 27 日以荣政请字〔2001〕28 号文向山东省水利厅申请成立八河水库建设局(简称建设局),负责项目建设的工程质量、进度、资金管理和安全生产等,并对省水利厅负责。山东省水利厅于 2001 年 7 月 31 日以鲁水建字〔2001〕22 号文作出批复,同意成立八河水库建设局,下设办公室、工程科、财务科、拆迁科等,编制 15 人。

山东省水利厅成立了八河水库扩建工程质量监督部,设部长及副部长各 1 人,监督员 2 人,根据工程建设的进展情况,随时派人员到工地检查指导工作;建设局实行了工程质量首长负责制,全体职工根据各自的职责分工,对施工质量实行现场监督检查,发现问题和隐患立即提出,当场整改;项目监理部坚持"三控制、二管理、一协调"的管理方针,对工程实行全方位的监理,重要部位和环节 24 h 跟班作业,按照"三不放过"的原则严格管理;各施工队依据国家规范实行"三检制",每道工序都经过自检、互检和项目部质检工程师检验合格后,填写"工程质量检验单",送监理工程师检查认证,通过认证后进行下一工序施工。

八河水库扩建工程自开工以来,水利部、山东省水利厅以及荣成市领导多次到工地检查指导工作,对建设质量给予了高度评价。2004 年,八河水库扩建工程被水利部评为全国水利建设文明工地,溢洪闸及副坝工程还被山东省建设厅、山东省建筑工程管理局、山东省建筑业联合会评为山东省建筑工程质量"泰山杯"(省优质工程)。

2006 年 6 月 11 日,八河水库扩建工程通过了省水利厅组织的竣工验收,并被评为优良工程。

5.5.3　历次续建、加固工程沿革

自八河水库扩建工程竣工以来,未进行续建、加固工程。

2014 年 7 月,荣成市水利局、荣成市八河水库管理局针对八河水库沉陷段的坝顶道路和防浪墙组织维修。对坝顶混凝土路面存在脱空的部位进行了处理,防浪墙沉降段采用水泥砂浆砌筑,坝顶路缘石重新维修砌筑,对上下游观测设施及监测设施进行了维修。

5.6　运行管理综合评价

八河水库管理机构和运行管理制度健全,防洪调度权限、职责分明,日常检查和维修养护工作按规定要求开展,八河水库扩建工程完工投入运行以来,在防洪、灌溉、供水、水产养殖等方面发挥了巨大效益。根据《水库大坝安全评价导则》(SL 258—2017) ,综合评价八河水库大坝运行管理为"良好"。

6　现场检查与工程质量评价

6.1　现场检查

6.1.1　现场检查组织

大坝现场安全检查由山东省水利厅负责成立荣成市八河水库大坝安全鉴定现场安全检查专家组,其成员由水利厅工管、运行、防汛等有关部门的领导,相关专业的专家和工程技术人员组成。

6.1.2　现场检查的准备

现场检查准备工作包括:做好各方面安排,为检查工作所需动力做准备;安装临时设施,便于检查人员的进出;准备交通工具和专用车辆;同运行管理、设计及科研部门就检查工作进行商讨,弄清检查工作的内容和要深入调查研究的问题。

6.1.3　现场安全检查项目

现场安全检查主要是通过专家查看坝基、坝体、溢(泄)洪设施和辅助设施的运行状态,评价其质量是否满足水库防洪、运行要求,具体包括以下内容。

6.1.3.1　坝基

主、副坝坝基检查时应注意其稳定、渗漏、变形等。主要检查项目如下:

(1)两坝肩区:绕渗、溶蚀、位移、滑坡。

(2)下游坝脚:渗流,渗流水的水质、湿润范围,反滤体。

(3)坝体与岸坡接合处:土坝与岸坡接合处的位移、脱离、渗漏。

(4)其他异常情况。

6.1.3.2　坝体

大坝坝体检查应注意沉陷、渗漏、渗透、浸润线变化,动物危害现象等。主要检查项目如下:

(1)坝顶:裂缝、错动、沉陷变形、浸润线水位、防浪墙形状。

(2)迎水坡:裂缝、剥蚀、破损、塌坑、隆起。

(3)背水坡:渗漏、护坡草皮、裂缝、散浸、滑坡。

(4)马道(戗台):裂缝、沉陷、漏水、坡度。

(5)反滤体:变形,排水是否畅通,排水量的大小、变化。

(6)观测设备工作情况。

(7)坝体整体外观现象。

（8）其他异常现象。

6.1.3.3　溢（泄）洪设施

溢（泄）洪设施检查，应着重于溢洪道混凝土质量、泄洪能力和运行状况，应对进水口、过水部位和护坦等各部分分项进行检查。主要检查项目如下：

（1）进口形状（包括进口高程、底宽等）。

（2）边墙衬砌质量。

（3）护坦及下游基础冲刷情况。

6.1.3.4　防汛公路

防汛公路指坝区防汛或事故处理所必需的主要交通干道。主要检查项目如下：①路面；②路基；③排水沟。

6.1.3.5　水库库区

水库库区包括库区和库边水库检查，应注意水库渗漏、塌方、库边冲刷、断层活动以及冲击引起的水面波动等现象，尤应注意近坝区的这些现象。主要检查项目如下：

（1）水库：渗漏、地下水位波动、冒泡现象，库水流失、新的泉水。

（2）库区：附近地区渗水坑、地槽情况，四周山地植物生长情况，公路及建筑物的沉陷情况，与大坝同一地质构造上其他建筑物的反应，原地面剥蚀、淤积情况。

（3）塌方与滑坡：库区滑坡体规模、方位及对水库的影响和发展情况。

（4）其他异常情况。

6.1.4　现场检查评价用语

良好：指建筑物形态和运行性能良好，能达到预期效果。

正常：指建筑物形态和运行性能达到预期效果，但需维修。

较差：指建筑物形态和运行性能达不到预期效果，必须维修。

很差：指建筑物质量无法达到预期效果。

6.1.5　现场检查情况

荣成市八河水库大坝安全鉴定现场安全检查专家组对工程现场进行了查勘，对运行管理资料进行了审查。

6.1.6　现场检查发现的问题

经现场安全检查，发现工程存在以下问题：

（1）主、副坝坝基区未见两侧坝肩区出现绕渗、溶蚀、位移或滑坡现象；下游坝脚未见渗流现象，反滤体完整无破坏；坝体与岸坡接合处未见位移、脱离或渗漏现象。

（2）主、副坝坝体区未见坝顶出现裂缝、错动现象，主坝坝顶桩号 2+000～2+170 段有坝顶沉陷现象；大坝迎水坡未见裂缝、剥蚀、破损、塌坑或隆起现象；大坝背水坡未见渗漏、裂缝或滑坡现象；戗台未见裂缝、沉陷、漏水现象；反滤体排水畅通，无变形或沉降；观测设施工作正常，大坝整体外观较好，无其他异常现象。

（3）溢洪闸进口段无淤积，进口高程正常，满足设计要求；边墙砌筑质量较高，下游左侧边墙有表面裂缝。

（4）防汛路面沉陷部分已处理，排水沟清理畅通。

（5）水库未出现渗漏、地下水位波动现象，无冒泡现象，库区周围无新打泉眼；库区附件区域无渗水坑或地槽；四周植被正常；未见库区周围公路或建筑物有沉陷现象；库区内无滑坡体。

（6）2004 年 9 月，八河水库扩建主体工程竣工，水库上游设计蓄水位为 6.1 m，移民高程确定为 6.5 m。目前水库已经完成 1.8~3 m 高程内 7 306 亩土地的征地工作，已搬迁房屋 53 户，移民 76 人。经调查，若达到设计蓄水位 6.1 m 还需征地 12 500 亩，青苗补偿 10 500 亩，果树 200 亩，林地 450 亩，拆迁房屋 789 户，移民 2 200 人；水利设施自来水深井 9 眼、大口水井 31 眼、扬水站 4 座、农桥 13 座等，以及涵洞、道路、厂矿、泵站等基础设施。

目前资金短缺，造成移民征地工作尚没有全部完成，八河水库一直未能按正常水位蓄水，不能发挥全部工程效益。

6.1.7　安全鉴定工作建议

通过现场检查认为，八河水库主体工程不存在影响大坝安全的重要质量问题。但该水库地理位置十分重要，且该水库流域内有 1 座中型水库——湾头水库，1 座小（1）型水库，38 座小（2）型水库，八河水库下游保护荣成市区通往石岛城区的主要交通干线。一旦八河水库失事，公路被冲毁，交通中断，对人民群众生命财产安全造成极大损害。同时随着社会及城市的发展，荣成市城镇生产、生活用水以及周边土地灌溉用水全部来自八河水库，使水库的工程安全更为重要。为确保工程安全，对存在的问题必须加以解决。针对水库现场检查发现的问题，提出以下建议：

（1）检测大坝填土的质量及压实情况，对坝体的质量进行评价。

（2）进行坝基勘探，对坝基的渗透变形进行复核。

（3）对溢洪道（闸）的回填质量、基础处理、绕渗问题、消能设施布局、结构稳定等进行评价。

（4）对水库防洪的重要性进行评价。

（5）按 300 年一遇部颁防洪标准重新进行洪水复核。

6.2　大坝工程质量检测

6.2.1　大坝结构体老化病害指标检测评估

大坝检测内容主要包括上游护坡、防浪墙、坝体、下游护坡和排水沟、测压管和沉降标点、坝基等部分。

6.2.1.1　上游护坡

上游护坡分两部分：主坝 2.8 m、副坝 2.0 m 高程以上为 C20 现浇混凝土板护坡，下部为抛石护坡。混凝土板尺寸为 2.0 m×2.0 m，斜坡厚 20 cm，平台厚 10 cm；抗冻等级为

F150,护坡体结构自上而下为 C20 混凝土板、φ10~20 mm 碎石(厚 100 mm)、300 g/m² 土工布、中粗砂(厚 100 mm),其下为坝体。抛石护坡及压重平台厚 1.0 m,坡比为 1:5.0。

由于水库限制蓄水运行,护坡外观较完整,从施工资料看,护坡结构及尺寸符合设计要求,因此仅对抛石和混凝土板进行质量评价。

1.抛石

虽经十几年的运行,抛石表面基本平整,外观尺寸及顶面高度符合设计要求,没有出现塌坑、脱坡等现象。石料为风化较轻的片麻岩,坚硬,粒径在 0.3~0.5 m,个重在 20~100 kg,抗冲能力强,级配好,符合要求,特别是抛石坝坡部分已经长满了柳树,既起到了抛石的锚固作用,又构建了具有自身生长能力的防护系统,使抛石护坡体更加牢固,现状见图 2-6-1。

(a)混凝土板   (b)抛石护坡

图 2-6-1 上游混凝土板和抛石护坡现状

2.混凝土板

混凝土板检测指标:强度、剥蚀、变形、塌陷架空。护坡表面整体平整,没有破损、断块,未发现填缝材料的出露,排水孔为无砂混凝土块,透水性较好,外表面不存在明显的局部塌陷现象(见图 2-6-2),但是护坡抗剥蚀、冻融能力差,在曾经存水的平台区域存在明显的混凝土板表面剥蚀现象(见图 2-6-3),主坝剥蚀区域主要在桩号 1+500~2+300 处,不连续,曾经存水的地方均发现明显的混凝土表面剥蚀,剥蚀厚度在 1.0 cm 左右。副坝护坡剥蚀区在水位变动带附近,说明现状护坡抗剥蚀能力较差。

(a)主坝   (b)副坝

图 2-6-2 混凝土板外观质量

从现状看,主坝上游护坡存在明显的区域凹陷区,凹陷在桩号1+500~2+300处,在纵向上相邻凹陷深度在20 cm范围之内,最大沉陷为38 cm,横向上4.5 m平台沉降差在10 cm范围内,内侧沉陷大,说明坝体轴线部位沉陷较大,向两侧逐渐减小,从侧面也说明了坝体沉陷主要来源于坝基。沉陷表观特征见图2-6-4。副坝上游坝坡不存在明显的不均匀沉陷现象。

(a)主坝　　　　　　　　　　　　　　　　(b)副坝

图2-6-3　混凝土板剥蚀现状

(a)主坝　　　　　　　　　　　　　　　　(b)副坝

图2-6-4　上游坝坡沉陷外观

为检查护坡塌陷区是否存在脱空现象,采用地震映像对上游护坡进行了测试,发现局部区域存在护坡与坝体脱离现象,但不存在明显区域脱空现象,仅在小范围脱离,未影响护坡的稳定。地震映像资料见图2-6-5。

采用回弹法对护坡混凝土强度进行测试,共抽检15个测区,混凝土碳化深度按5 mm计,其抗压强度检测成果见表2-6-1。由检测成果可知混凝土强度等级满足设计要求。

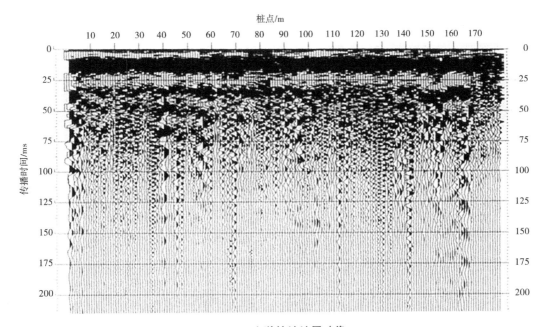

图 2-6-5　上游护坡地震映像

表 2-6-1　上游护坡混凝土抗压强度检测成果

位置	测区数/个	混凝土平均强度/MPa	混凝土强度推定值/MPa	设计强度等级
主、副坝上游混凝土板	15	28.1	22.7	C20 混凝土

混凝土板尺寸验算如下：

正常运用时，平均波高 $h = 0.732$ m，平均波长 $L_m = 17$ m。

累计概率 $P = 1\%$ 的波高：$h_p = h_{1\%} = 2.30h = 1.684$（m）。

根据《碾压式土石坝设计规范》(SL 274—2020)，混凝土板护坡厚度按下式计算：

$$t = 0.07\eta h_p \sqrt[3]{\frac{L_m}{b}} \frac{\rho_w}{\rho_c - \rho_w} \frac{\sqrt{m^2 + 1}}{m} \tag{2-6-1}$$

式中：t 为护坡厚度，m；η 为系数，取 1.1；ρ_c 为板的密度，取 2.4 t/m³；ρ_w 为水的密度，取 1.0 t/m³；m 为坡率，取 3.6；b 为沿坝坡向板长，取 2.0 m；L_m 为平均波长。

经计算，护坡厚度 $t = 19.6$ cm。

混凝土板的计算护坡厚度为 19.6 cm，现状护坡厚度为 20 cm，因此该坝段实际护坡厚度满足计算要求。

3. 反滤层

护坡垫层结构为：自上而下为 ϕ 10～20 mm 碎石厚 100 mm、300 g/m² 土工布、中粗砂厚 100 mm。自水库运行以来，3.0 m 高程以上没有受到其他营力的作用，因此通过查看建设时的图像和验收资料进行评价,护坡垫层厚度及材质质量均满足设计要求。

6.2.1.2 防浪墙

防浪墙为钢筋混凝土结构,横断面为"工"字形,配有 $\Phi 6@200$ 的构造筋、$\Phi 8@200$ 的受力筋。

从现场勘探情况可知,防浪墙基础与防渗体进行了有效连接。墙体顺直完整,不存在明显倾斜和弯曲变形,但在主坝桩号 1+800 附近,由于坝体不均匀沉陷,墙体明显存在下沉并有墙体断裂,产生的裂缝见图 2-6-6。

(a)墙体断裂　　　　　　　　　　　　(b)主坝防浪墙伸缩缝裂开

图 2-6-6　防浪墙断裂现状

为检测防浪墙与坝体的脱空情况,采用地震映像在防浪墙外侧进行了测试,明显存在脱空现象,地震映像资料见图 2-6-5。

采用回弹法对防浪墙混凝土强度进行测试,共抽检 10 个测区,混凝土碳化深度按 5 mm 计,其抗压强度检测成果见表 2-6-2,评估分级见表 2-6-3。由检测成果可知混凝土强度等级满足设计要求。

表 2-6-2　防浪墙混凝土抗压强度检测成果

位置	测区数/个	混凝土平均强度/MPa	混凝土强度推定值/MPa	设计强度等级
墙体	10	31.4	24.6	C20 混凝土

表 2-6-3　防浪墙老化病害指标评估分级

指标	裂缝及变形	混凝土强度	墙体剥蚀	与防渗体接触质量
评估分级	C	A	B	B

6.2.1.3 坝体

检测指标:裂缝、软弱(松散)层和渗漏。

1. 裂缝

从观测资料和现场查看发现坝体不存在裂隙,经过 10 余年的沉降,坝体基本稳定。

本次检测没有发现坝体裂缝。

2. 软弱(松散)层

壤土心墙风化料砂壳坝:经查看施工资料,心墙壤土均分层碾压,干容重大于 16.8 kN/m³,压实度均大于 0.98,满足规范要求。

副坝坝体填土主要为全风化的花岗岩、片麻岩风化料,褐黄色、灰黄色,局部含大块石,致密,含水量低。分两期填筑而成。一期填筑高程为 3.3 m,防渗墙施工后,完成剩余部分工程,在施工时进行分层碾压,用锹镐挖掘困难、钻进困难,从标贯数据看:标贯击数为 20~36 击,中密~密实,平均为 28.3 击,处于中密的上限附近。在副坝下游坝坡进行了探坑,并取样进行了相对密度试验,相对密度为 0.69~0.82,平均值为 0.76,为中密~密实状态。

3. 渗漏

主坝桩号 0+000~0+344.482、2+555~2+622.495 坝段为壤土心墙风化料砂壳坝,查看施工资料心墙壤土渗透系数小于 1.0×10^{-6} cm/s,属微弱透水性,心墙直接与基岩接触,并且在基岩内开有深 1.0 m、底宽 3.0 m、边坡 1:1 的倒梯形截渗墙,清基质量较好。

通过溢洪道右侧测压管观测可知,上游测压管水位 2.0 m(库水位 2.4 m),下游测压管水位 0.9 m(与下游海水位基本一致),上下游存在明显水位差,也说明了连接段防渗效果较好。

主、副坝均质坝体防渗均采用复合土工膜和防渗墙防渗。由于库水位较低,上下游水位基本一致,坝体不存在渗漏和渗透破坏现象。

6.2.1.4 下游护坡和排水沟

1. 下游护坡

下游护坡为草皮护坡和抛石护坡,检测指标:冲刷。

主坝高程 4.5 m 以上和副坝下游坝坡均为草皮护坡,并设多道弧形砌石挡墙。由检测可知:坝坡表面没有铺设腐殖土,为坚硬的风化料,造成植被不够茂密;整个坡面平整,无雨淋沟、沉陷及洞穴。原坝体为坝后公路(坝后戗台),公路路面平整,不存在不均匀沉陷现象,公路临海面为抛石护坡,抛石经多年的冲刷,结构稳定,不存在明显的掏空现象,抛石经近十年的运行,没有出现塌坑、脱坡等现象。石料为风化较轻的片麻岩,坚硬,粒径在 0.3~0.5 m,个重在 20~100 kg,抗冲能力强,级配好,符合要求。

2. 排水沟

坝后排水沟为 U 形槽,横向排水沟 6.0 m 平台以上尺寸为外半径 125 mm、壁厚 6 cm,以下尺寸为外半径 200 mm、壁厚 6 cm,纵向排水沟尺寸为外半径 200 mm、壁厚 6 cm。通过现场踏勘检查,整个排水沟局部存在淤堵现象,但沟体完整,不存在破损现象。

6.2.1.5 测压管和沉降标点

1. 测压管

主坝渗流观测共设 5 个断面,分别位于桩号 0+430、1+000、1+157、2+134 和 2+305 处,每个断面设 4 根测压管,其中 3 根坝体管、1 根坝基管。坝基管位于上游坝坡 8.9 m 高程处,测压管深 13.4 m 左右,坝体测压管分别位于上游坝肩、下游坝肩和坝脚处。为检查测压管的灵敏度,选择主坝桩号 1+000 断面进行了注水试验。由结果可知,大部分测压管灵敏,不存在明显的淤堵现象。但孔口没有安装自动观测设施,且管口缺乏保护装置。副坝渗流观测共设 4 个断面,分别位于桩号 0+680、1+200、1+650 和 1+860 处,其中桩号 1+650 处断面设 4 根测压管,其余断面设 3 根测压管(其中,1 号测压管位于副坝上游坝坡 8.8 m 高程处,2 号测压管位于副坝下游坝坡 8.8 m 高程处,3 号测压管位于副坝下游坝坡 4.2 m 高程处)。

为检查测压管的灵敏度,选择主坝桩号 1+000 断面进行了注水试验。从结果可知,大部分测压管失效。孔口没有安装自动观测设施,且管口缺乏保护装置。

　　2.沉降标点

由设计图纸可知,主、副坝均设计了沉降位移标点,但现场没有发现。

6.2.1.6　坝基

主坝桩号 0+000~0+344.482、2+555~2+622.495 坝段为壤土心墙风化料砂壳坝,壤土心墙直接与基岩接触,基岩为弱透水岩石;主坝桩号 0+335.6~0+715.8 段基岩进行了帷幕灌浆,钻孔顶高程为 1.0 m,底高程为−20.0 m,灌浆深度为全风化基岩顶面至−20.0 m,透水性小于 1 Lu。桩号 0+335.592~2+565 坝段坝基采用搅拌桩防渗墙,桩基直径 0.5 m,桩距为 0.35 m,顶高程 4.8 m,底高程−9.5~−5.0 m,搅拌桩截渗墙最大深度为 14.3 m,经质检确保墙体密实连续,渗透系数达到 $1.0×10^{-8}$ cm/s,并且在个别部位采用了高喷连续墙,确保土工膜、防渗体和坝基淤泥层形成完整的防渗体系。

主坝坝基普遍存在淤泥、淤泥质粉细砂,沉降时间段结构松、土质软。上部淤泥层厚 3.4~10.20 m,分布稳定,渗透系数为 $3.33×10^{-7}$ cm/s,在筑坝时作为相对隔水层。其下为中粗砂、砾砂等强透水地层,但对坝基渗漏不起控制作用。

副坝桩号 0+000~0+200、1+425~1+530、2+000~2+027 坝段,坝基岩面较高,采用复合土工膜埋入混凝土齿槽防渗,混凝土齿槽直接与基岩连接,桩号 0+200~0+430 坝段为黏土心墙防渗;其余坝段采用坝体复合土工膜与搅拌桩截渗墙防渗。

防渗墙轴线位于上游 4.0 m 高程平台内侧。搅拌桩截渗墙采用多钻头搅拌桩,桩径为 0.5 m,成墙工艺为复搅工艺,水泥采用 R32.5 火山灰质硅酸盐水泥,水泥浆水灰比为 1:1,墙底高程为基岩面,最大深度为 10 m。

经质量检查,防渗体系各部位渗透系数均满足设计要求,现状未发现异常渗漏现象。从测压管观测数据可知:测压管水位均低于同时期的库水位,与下游水位基本持平,说明坝基防渗效果较好。

6.2.2　结构体老化病害评估

6.2.2.1　评估分级

根据各结构体老化病害指标的检测数值和评估等级,综合考虑其对结构体功能发挥、可靠性、耐久性的影响,将结构体老化病害分为 3 个等级:基本完好、轻微老化和严重老化。

(1)基本完好:主要指标为 A 级,功能可正常发挥,安全可靠。

(2)轻微老化:主要指标为 B 级,功能可基本发挥,安全未受到威胁。

(3)严重老化:主要指标为 C 级,功能可部分发挥或基本丧失,存在重大安全隐患。

6.2.2.2 评估结果

大坝结构体老化病害评估结果见表2-6-4。

表2-6-4　大坝结构体老化病害评估结果

项目		大坝						
		上游护坡		防浪墙	坝体	下游坝坡和排水沟	测压管	坝基
		护砌层	反滤层					
护坡厚度		A						
护坡塌陷架空		C						
反滤料粒径特征		A	A					
混凝土强度		A		A				
混凝土剥蚀		B		B				
冲刷						A		
裂缝		A		C	A			
软弱松散层	心墙				A			
	坝体				B			
渗漏					A			A
接触质量				A	B			
结构体级别		B		C	B	A	C	A

6.2.3　大坝老化病害综合评估

6.2.3.1 评估分级

大坝老化病害综合评估的目的是根据不同结构部位的老化病害来判断目前的实际状态能否满足工作和安全的要求,确定是否需要维修加固。

根据有关规范和资料,将大坝老化病害分为3个等级:基本完好、轻微老化、严重老化。

(1)基本完好:主体及大部分附属结构未产生老化病害,评估为A级,大坝的整体功能可正常发挥。此类坝只需正常维护,无须维修。

(2)轻微老化:主体结构基本完好,或部分老化损坏(如坝体存在明显的裂缝、渗透变形等),评估为B级;部分附属结构老化损坏,评估为B级。大坝的整体功能只能部分发挥(如限制蓄水等)。此类坝需进行适当加固维修。

(3)严重老化:主体结构老化损坏严重(如坝体存在严重的裂缝、渗透变形或滑坡隐患),评定为C级;多数附属结构物损坏严重或报废,评估为C级;大坝的整体功能只能部分发挥或基本丧失。此类坝必须进行加固或报废重建。

上述老化病害级别之间没有明显的分界点,评估时应注意整体与部分、主体部位与附属部位、损坏有无恶化发展的区别。

6.2.3.2　大坝质量评估结果

上游护坡分两部分:主坝 2.8 m、副坝 2.0 m 高程以上为 C20 现浇混凝土板护坡,下部为抛石护坡。护坡表面整体平整,没有破损、断块,未发现填缝材料的出露,排水孔为无砂混凝土块,透水性较好,但护坡抗剥蚀、冻融能力差,局部存在明显的混凝土板表面剥蚀现象,剥蚀厚度 1.0 cm 左右;副坝护坡剥蚀区在水位变动带附近,并且护坡局部塌陷,存在护坡与坝体脱离现象。护坡下反滤层符合设计要求。

抛石石料质地较好,护坡表面基本平整,外观尺寸及顶面高度符合设计要求,没有出现塌坑、脱坡等现象,特别是抛石坝坡部分已经长满了柳树,起到了抛石的锚固作用,又构建了具有自身生长能力的防护系统,使抛石护坡体更加牢固。因此,上游护坡综合评定为 B 级。

防浪墙为钢筋混凝土结构,强度满足设计要求,墙体顺直完整,不存在明显倾斜和弯曲变形,墙基础与防渗体进行了有效连接。但在主坝桩号 1+800 附近,由于坝体不均匀沉陷,墙体明显存在下沉,并有墙体断裂产生的裂缝,且局部存在架空现象,因此防浪墙综合评定为 C 级。

壤土心墙风化料砂壳坝段心墙壤土均分层碾压,干容重大于 16.8 kN/m³,压实度均大于 0.98,满足规范要求。主坝风化料均质坝体填土主要为全风化的花岗岩、片麻岩风化料,下部填土标贯击数为 10~21 击,为松散~中密状态,上部填土标贯击数为 20~38 击,相对密度为 0.53~0.84,中密~密实状态。副坝填土标贯击数为 20~36 击,相对密度为 0.69~0.82,为中密~密实状态。

从现场运行情况看:直接坐落在基岩上的坝体基本没有沉降变形,沉降变形严重的区域主要在坝基覆盖层较厚区域,但沉陷部位与覆盖层厚度不存在相关性,而与淤泥层的厚度相关,说明坝体沉陷主要是淤泥质土沉陷造成的。从观测资料看:近期沉降较小,坝体沉降基本稳定。

心墙壤土渗透系数小于 1.0×10^{-6} cm/s,复合土工膜完整,未发现渗漏损坏现象,能够与防渗体和坝基淤泥层形成完整的防渗体系。因此,坝体综合评定为 B 级。

下游坡为草皮护坡,并设多道弧形砌石挡墙,坝坡表面没有铺设腐殖土,为坚硬的风化料,造成植被不够茂密;整个坡面平整,无雨淋沟、沉陷及洞穴。临海面抛石经多年的冲刷,结构稳定,不存在明显的掏空现象。排水沟沟体完整,不存在破损,仅局部存在淤堵现象。因此,下游坝坡和排水系统评为 A 级。

大坝无沉降位移观测系统;主坝测压管大部分灵敏,不存在明显的淤堵现象;副坝测压管大部分失效,孔口没有安装自动观测设施,且管口缺乏保护装置。因此,测压管综合评定为 C 级。

主坝坝基普遍存在淤泥、淤泥质粉细砂,沉降时间短,结构松,土质软。上部淤泥层厚度为 3.4~10.20 m,分布稳定,渗透系数为 3.33×10^{-7} cm/s,在筑坝时作为相对隔水层。其下为中粗砂、砾砂等强透水地层,但对坝基渗漏不起控制作用。主坝桩号 0+335.6~0+715.8 坝段基岩进行了帷幕灌浆,透水性小于 1 Lu。主坝桩号 0+000~0+344.482、2+555~2+622.495 坝段壤土心墙直接与基岩接触,并在基岩内做截水槽,基岩为弱透水岩石;主坝桩号 0+335.6~0+715.8 坝段基岩进行了帷幕灌浆,透水性小于 1 Lu。桩号 0+335.592~2+565 坝段坝基采用搅拌桩防渗墙,墙底高程为−9.5~−5.0 m,渗透系数达到 $1.0×10^{-8}$ cm/s,确保土工膜、防渗体和坝基淤泥层形成完整的防渗体系。

副坝桩号 0+000~0+200、1+425~1+530、2+000~2+027 坝段坝基岩面较高,采用复合土工膜埋入混凝土齿槽防渗,混凝土齿槽直接与基岩连接,桩号 0+200~0+430 坝段为黏土心墙防渗;其余坝段采用坝体复合土工膜与搅拌桩截渗墙防渗,墙底高程为基岩面,最大深度为 10 m。

经质量检查,防渗体系各部位渗透系数均满足设计要求,现状未发现异常渗漏现象。因此,坝基防渗体评价为 A 级。

综上,建议该水库大坝评为二类坝。

6.3 溢洪道(闸)工程质量检测

6.3.1 混凝土质量

6.3.1.1 现场检查情况

经现场检查,水闸闸室未发生明显异常沉降、滑移等情况,水闸地基无渗流异常或过闸水流流态异常现象,水闸外观质量较好。

现状水闸存在以下问题:

(1)溢洪闸混凝土水位变化区有轻微冻融剥蚀现象,不影响混凝土质量。

(2)现场检查发现下游翼墙底部存在表面裂缝,不影响翼墙的受力。

6.3.1.2 碳化深度

碳化深度检测采用酚酞试剂法,由检测数据可得,上下游闸墩混凝土碳化深度平均值为 11.0 mm、13.0 mm;机架桥排架混凝土碳化深度平均值为 15.0 mm、16.0 mm,属中等碳化。

6.3.1.3 抗压强度

闸底板混凝土抗压强度共抽检 43 个测区,由检测成果可得,混凝土抗压强度均满足《水工混凝土结构设计规范》(SL 191—2008)要求。

6.3.1.4 内部质量

混凝土内部质量采用混凝土雷达进行检测,雷达方法是以宽频带短脉冲形式将高频电磁波通过发射天线定向送入地下,电磁波在地下介质中传播,当遇到存在介电性质差异的地下介质或目标时,电磁波部分能量会发生反射,被地面接收天线所接收。当收发天线连续移动时,可构成一张雷达图像或波形图。对图像或波形图进行分析和处理,根据其波形、强度、几何形态等特征,可以了解被探测地下目标物的埋深和分布特征。

此次检测采用瑞典生产的 RAMAC 探地雷达,主机型号为 CUII 型,天线频率选用 800 MHz 和 1.6 GHz,测点距分别为 0.05 m 和 0.02 m,测量轮自动测距、自动叠加。检测时,测线根据现场环境随机确定。

探地雷达图形常以脉冲反射波的波形形式记录,以波形或灰度显示探地雷达剖面图。

探地雷达探测资料的解释包括两部分内容:一为数据处理,二为图像解释。由于地下介质相当于一个复杂的滤波器,介质对波的不同程度的吸收以及介质的不均匀性质,使得脉冲到达接收天线时,波幅减小,波形与原始发射波形有较大的差异。另外,不同程度的各种随机噪声和干扰,也影响实测数据。因此,必须对接收信号进行适当的处理,以改善资料的信噪比,为进一步解释提供清晰可辨的图像。对于异常的识别应结合已知到未知,从而为识别现场探测中遇到的有限目标体引起的异常,以及对各类图像进行解释提供依据。

图像处理包括消除随机噪声压制干扰,改善背景。进行自动时变增益或控制增益以补偿介质吸收和抑制杂波,进行滤波处理除去高频,突出目标体,降低背景噪声和余振影响。

图像解释是识别异常,这是一个经验积累的过程,一方面基于探地雷达图像的正演结果,另一方面由于工程实践成果获得。只有获得高质量的探地雷达图像并能正确地判别异常才能获得可靠、准确的地质解释结果。

图像上部刻度代表溢洪闸桩号即天线移动的距离,左侧刻度是雷达波的双程走时,右侧刻度为检测深度。

图 2-6-7 和图 2-6-8 是右侧第 3 孔和第 4 孔闸闸底板所测得的雷达图像,其图像基本类似,可以反映出闸底板的有关信息。图像的上部存在上凸形的抛物线异常反映,分析认

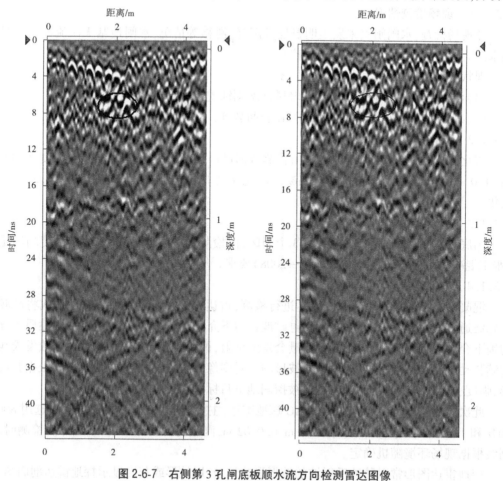

图 2-6-7　右侧第 3 孔闸底板顺水流方向检测雷达图像

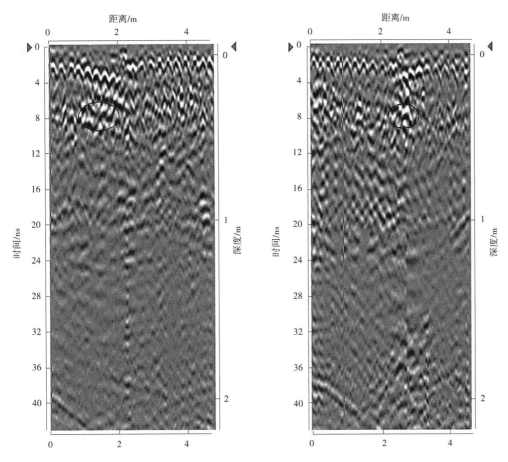

图 2-6-8　右侧第 4 孔闸底板垂直水流方向检测雷达图像

为是混凝土内部表层钢筋的反映,钢筋保护层厚度为 5~15 cm,说明钢筋排布存在变形;在深度 0.3~0.4 m 存在雷达波异常反映现象,分析认为是局部混凝土内部存在不密实现象;图像其他部位色谱均匀、平滑,分析认为混凝土内部均匀、密实。

6.3.1.5　钢筋锈蚀

从现场检查看,基本没有发现顺筋裂缝,通过钢筋锈蚀检测,测得其自然电位水平为 -89 mV;凿开混凝土检测其截面损失率为 2% 左右,钢筋处于轻微锈蚀状态,基本不影响其力学性能。

6.3.2　闸门与启闭机

6.3.2.1　焊缝检测方法和标准

焊缝的缺陷种类很多,有焊接裂纹、气孔、固体夹杂、未焊合、未焊透、咬边、焊瘤、弧坑等。在检查焊缝缺陷时,用超声探伤仪检测,在对焊缝的内部缺陷进行探伤前应先进行外观质量检查,如果焊缝外观质量不满足规范要求,需要进行修补。

焊缝质量等级分为一、二、三级,其中一级焊缝为动荷载受拉,要求与母材等强度的焊缝;二级焊缝为动荷载或静荷载受压,要求与母材等强度的焊缝;三级焊缝是一、二级焊缝之外的贴角焊缝。一级焊缝不允许有外观质量缺陷,二、三级焊缝外观质量应符合规范的要求。

焊缝的外形尺寸使用焊缝检验尺测量。焊缝检验尺由主尺、多用尺和高度标尺构成,可用于测量焊接母材的坡口角度、间隙、错位及焊缝高度、焊缝宽度和角焊缝高度。主尺正面边缘用于对接校直和测量长度尺寸;高度标尺一端用于测量母材间的错位及焊缝高度,另一端用于测量角焊缝厚度;多用尺与主尺配合可分别测量焊缝宽度及坡口角度。

焊缝内部缺陷采用CTS-2000plus笔记本式数字超声探伤仪进行检测。由于焊缝中的危险缺陷常与入射声束轴线呈一定夹角,基于缺陷反射波指向性的考虑,频率不宜过高,一般工作频率采用2.0~5.0 MHz;板厚较大,衰减明显的焊缝,选用更低一些的频率。探头折射角的选择要使声束能扫查到焊缝的整个截面,能使声束中心线尽可能与主要危险性缺陷面垂直。常用的探头斜率 K 为 1.5~2.5。本次检测耦合剂采用机油。

6.3.2.2　防腐层检测方法和标准

防腐层表面应均匀,无杂物、起皮、鼓泡、孔洞、凹凸不平、粗颗粒、掉块及裂纹等缺陷,遇有少量夹杂,可用小刀剔刮;如缺陷面积较大,应铲除重喷。

涂层厚度采用QCC-A型磁性涂层测厚仪测量,它基于磁阻原理,来测量磁性材料表面的非磁性涂层。用磁性测厚仪,在一个面积为 1 dm² 的基准表面上测量 10 点涂层厚度,取 10 个值的算术平均值为该基准表面的局部厚度,此值小于设计值的85%时,应予以补喷涂。根据实际情况,闸门表面可以 1.0 m 的宽度,沿纵向每隔 1.0 m 检测一点。

涂层结合性能检查在闸门上进行,采用切割试验法。在 15 mm×15 mm 区域内用专用硬质刃口刀具将涂层切割成 3 mm×3 mm 的方形小格,切割时使涂层与基体金属表面完全切断。然后在格子状涂层表面贴上宽为 25 mm 的布胶带,用手指压紧,手持胶带一端,按与涂层表面垂直的方向,以迅速而又突然的方式将胶带拉开,检查涂层是否被胶带粘起而剥离。

6.3.2.3　检测成果

1. 闸门外形尺寸测量

在现场检测了 4 扇闸门,对控制闸门外形尺寸的主要项目进行了测量,测量结果满足规范和设计要求。

2. 焊缝外观质量检查

对 4 扇工作闸门的焊缝进行了外观质量检查,未发现表面裂纹、表面焊瘤等外观缺陷存在,焊缝余高、焊缝宽度等均满足规范要求。

3. 焊缝超声波探伤

对其中的 4 扇闸门进行了焊缝超声波探伤,根据闸门主要受力状况和焊缝类别,选定闸门主横梁、边梁和面板为探伤构件。接受超声波探伤的焊缝为:主横梁后翼缘对接焊缝、主横梁腹板与翼缘板T形连接焊缝、主横梁腹板与边梁腹板T形连接焊缝、主横梁后翼缘与边梁后翼缘连接焊缝、边梁腹板与后翼缘T形连接焊缝、边梁腹板与面板T形连接焊缝、面板对接焊缝等。检测基准面为面板下游面;主横梁腹板上表面,翼缘下游面;边梁腹板内侧面,翼缘下游面。

经超声波探伤显示,所有受检焊缝均未发现裂纹缺陷,无超标缺陷,所有受检焊缝均达到合格要求。

4. 闸门涂层质量检测

闸门涂层外观质量检测是在喷锌和涂面漆封闭完成后进行的。检测结果表明,闸门涂层表面完整、无漏喷,涂层表面无杂物、起皮、鼓泡、孔洞、凹凸不平、掉块及裂纹等缺陷,仅局部有少量粗颗粒。闸门涂层外观质量均合格。

检测闸门已施加防锈底漆和面漆,涂层检测厚度为防腐涂层总厚度。对4扇工作闸门涂层厚度进行了检测,检测结果表明闸门防腐层厚度满足设计要求。

对4扇闸门中各选择一个区域进行涂层结合性能检查,均未发现方格形切样内涂层的任何部位与基体金属有剥离现象。检查结果表明,闸门涂层结合性能均合格。

5. 启闭机现场检测

经现场检测,卷扬式启闭机整体构件合格,并进一步进行运行测试,现场运行正常。

6. 小结

对4扇工作闸门的外观、焊缝、涂层及配套的启闭机检测,所有受检闸门外形尺寸符合规范和设计要求,闸门所有一、二级焊缝,外观质量检测和超声波检测结果均符合规范要求;三级焊缝外观质量符合规范要求,闸门防腐涂层厚度满足设计要求,涂层结合性能良好,闸门所配卷扬式启闭机整机运行正常。

6.3.3　电气设备

电动机外壳整体较好,底脚螺栓连接紧固外壳,轴承无锈蚀、渗油,电动机内接线不规范,接线头铜丝直接固定于接线端头。启闭机控制柜外观整体较好,且操作按钮标识清楚。R系列柴油机型号为R6105ZD1,出厂编号为3086209,12 h功率85 kW,标定转速为1 500 r/min,净质量600 kg,出厂日期为2000年8月。发电机电源进线、出线均完好,本体基本完好、局部锈蚀,油路、水路完好。

通过测量绝缘电阻,可以判断绝缘有无局部贯穿性缺陷、绝缘老化和受潮现象。如测得的绝缘电阻急剧下降,说明绝缘受潮、严重老化或有局部贯穿性缺陷。《水利水电工程启闭机制造安装及验收规范》(SL/T 381—2021)规定电气设备绝缘电阻应大于0.5 MΩ。使用兆欧表测量启闭机设备的绝缘电阻,绝缘电阻均满足要求。

将三相电流中任何一相电流与三相电流平均值之差与三相电流平均值相比,称为电流不平衡度k,记三相电流中的最大不平衡度为k_{max}。《水利水电工程启闭机制造安装及验收规范》(SL/T 381—2021)规定固定卷扬式启闭机三相电流不平衡度不超过±10%。使用DM6266型钳形电流表测量启闭机的三相电流,电流不平衡度均满足要求。

电源三相电压偏差(%)=(实测电压-标称系统电压)/标称系统电压×100%,供电三相电压偏差过大会导致设备噪声增加、出力不够。《电能质量 供电电压偏差》(GB/T 12325—2008)规定,三相电压允许偏差为标称电压的±7%,经实测电源三相电压偏差符合要求。

启闭机工作良好时,各传动部件运行所产生噪声一般不大于85 dB,而当启闭机运行不良时会产生异样的噪声。采用AR814噪声测量仪测量启闭机工作时是否有异样噪声,据此判断设备运行状况。

6.3.4　溢洪道(闸)检测结论

溢洪闸闸室未发生明显异常沉降、滑移等情况,水闸地基无渗流异常或过闸水流流态异常现象,水闸外观质量较好。上、下游闸墩混凝土碳化深度平均值为 11.0 mm、13.0 mm,机架桥排架混凝土碳化深度平均值为 15.0 mm、16.0 mm,属中等碳化。闸底板混凝土抗压强度为 40.5 MPa,闸墩混凝土抗压强度为 35.1 MPa,排架混凝土抗压强度为 33.5 MPa,交通桥柱混凝土抗压强度为 38.3 MPa,上游翼墙混凝土抗压强度为 30.9 MPa,下游翼墙混凝土抗压强度为 30.3 MPa,均满足设计混凝土强度的要求。右侧第 3 孔和第 4 孔闸闸底板所测得的雷达图像显示,在深度 0.3~0.4 m 存在雷达波异常反映现象,分析认为是局部混凝土内部存在不密实现象;图像其他部位色谱均匀、平滑,分析认为混凝土内部均匀、密实。右侧第 2 号闸墩和右侧第 3 号闸墩雷达检测图像显示混凝土内部钢筋排列整齐,不存在缺筋现象,钢筋保护层厚度为 10~13 cm。混凝土均匀、密实。右侧第 4 号闸墩雷达检测图像展现了混凝土内部钢筋的排列现状,钢筋保护层厚度为 6~12 cm。混凝土相对均匀、密实,不存在内部缺陷。

闸门为平面钢闸门,经过现场检测,闸门外观质量、焊接质量及防腐涂层质量均满足设计要求,启闭机整机运行正常,电气设备设施齐全,启闭机控制系统运行正常,满足水闸正常运行需要。

6.4　八河水库工程质量综合评价

八河水库地处王连河下游八河港港湾处,濒临黄海,作为大型海湾水库,虽建于沿海滩涂区,地质条件不佳,但工程设计及施工等程序严格按照国家相关规范及要求进行,水库不存在影响工程安全的严重病害,主要问题包括大坝及溢洪道个别观测设施失效、主坝坝基存在较厚淤泥质黏土,坝基淤泥固结困难,坝体沉陷超出设计预留范围,其他施工质量均达到设计及国家相关规范的要求。根据《水库大坝安全评价导则》(SL 258—2017)及有关现行规范,八河水库的工程质量综合评价为"合格"。

7　大坝安全分析与评价

7.1　观测资料分析

7.1.1　渗流观测及资料分析

通过坝体坝基的渗透水流,一方面能使位于浸润线以下的土体密度减轻和强度指标降低,从而降低了边坡的稳定性;另一方面,当作用在土体上的渗透力达到足够大时,可使土体发生管涌、流土等一系列渗透变形问题。为防患于未然,必须对土坝渗流进行监测。

主坝渗流观测共设 5 个断面,分别位于桩号 0+430、1+000、1+157、2+134 和 2+305处,每个断面设 4 根测压管,其中 3 根坝体管、1 根坝基管。坝基管位于上游坝坡 8.9 m高程处,测压管深 13.4 m 左右,坝体测压管分别位于上游坝肩、下游坝肩和坝脚处。为检查测压管的灵敏度,选择主坝桩号 1+000 断面进行了注水试验,大部分测压管灵敏,不存在明显的淤堵现象。

副坝渗流观测共设 4 个断面,分别位于桩号 0+680、1+200、1+650 和 1+860 处,其中桩号 1+650 处断面设 4 根测压管,其余断面设 3 根测压管(其中 1 号测压管位于副坝上游坝坡 8.8 m 高程处,2 号测压管位于下游坝坡 8.8 m 高程处,3 号测压管位于下游坝坡 4.2 m 高程处)。为检查测压管的灵敏度,选择副坝桩号 1+650 断面进行了注水试验,大部分测压管失效。

测压管观测工作自 2005 年至今,断续观测了 10 年。其间未对观测资料进行整编,水库最高蓄水位 2.5 m,发生于 2008 年 1 月 31 日;最高洪水位 3.0 m,发生于 2007 年 7 月18 日。根据威海市多年实测潮位统计资料,实测最高潮位为 2.9 m,平均最高潮位为 1.9m;实测最低潮位为 -0.76 m,平均最低潮位为 0.55 m,多年平均潮位为 1.2 m。因此,水库上下游水位常年基本一致。

7.1.2　水库水位变化特征

由于水库限制蓄水,常年通过溢洪道调节,库水位维持在 2.5 m 以下运行。从测压管资料可知,测压管水库明显低于库水位,说明坝体防渗效果较好。

7.1.3　大坝渗流特征

(1)测压管保护较好,大部分正常使用;副坝测压管多数报废或堵塞,无法使用。

(2)测压管水位均明显低于库水位,说明坝体防渗效果较好。

(3)由于水库一直低水位运行,测压管并不能反映坝体浸润线随库水位的变化情况。

7.2　变形监测资料分析

土坝和土基发生固结、沉陷和水平位移是必然的客观现象。研究土坝的变形,目的在于了解土坝实际发生的变形是否符合客观规律,是否在正常范围之内。如果土坝变形发生异常情况,就有可能是发生裂缝或滑坡等破坏的迹象。因此,为了保证土坝的安全和稳定,必须在水库的整个运用期间对土坝进行变形监测。

7.2.1　变形监测工作综述

该水库大坝没有设竖向、水平位移观测标点和基点,仅在坝顶路缘石和上游坝坡第一个戗台进行观测。变形观测于 2004 年开始,到 2010 年结束,观测系列年限为 7 年。

7.2.2　裂缝观测

水库没有坝体裂缝观测资料,从现场检查看,上游坝坡、下游坝坡均没有坝体出现裂缝的外观特征。由于坝体不均匀沉降,防浪墙出现多条断裂缝。

7.2.3　大坝水平位移观测

从主坝上游护坡折线、防浪墙、路缘石、坝后公路观测可知:主坝各条特征线均为直线,主坝不存在发生水平位移的外观特征。

副坝坝后地面高程多处高于蓄水位,坝体不承受水平力,坝体不会产生水平位移。

因此,大坝没有发生水平位移。

7.2.4　大坝表面垂直位移观测(沉降观测)

根据观测资料绘制的坝顶纵断面竖向位移分布和坝顶纵断面累计沉降量分布(见图 2-7-1、图 2-7-2)可知:2014 年,大坝最大累计沉降量为坝顶 1+930 断面,沉降量为 551 mm,坝顶平均沉降量为 137 mm,说明大坝明显发生不均匀沉陷。从沉降速度看,2010 年以前,沉降速率基本一致,2014 年沉降量较少,说明沉降基本趋于稳定,符合土坝沉降变形规律。

根据设计报告:施工期沉降量按最终沉降量的 80% 计算,主坝坝顶预留高度为 200 mm,上游戗台预留高度为 150 mm。从观测资料看,坝体后期沉降量大于预留值,造成桩号 1+680~2+180 坝段坝顶高程低于设计高程,最大值为 408 mm。说明坝基淤泥固结较慢,老坝坝体预压 20 年未固结完成也验证了该结论。

坝体沉降量与覆盖层厚度不一致,而与淤泥层厚度有关,桩号 2+000 左右淤泥层最厚,附近沉降量最大,也说明了坝体后期沉降量主要来自于淤泥层。

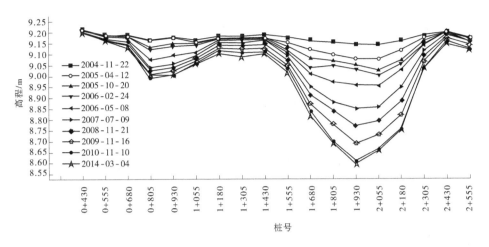

图 2-7-1　坝顶纵断面竖向位移分布（主坝坝顶东路沿石沉陷观测）

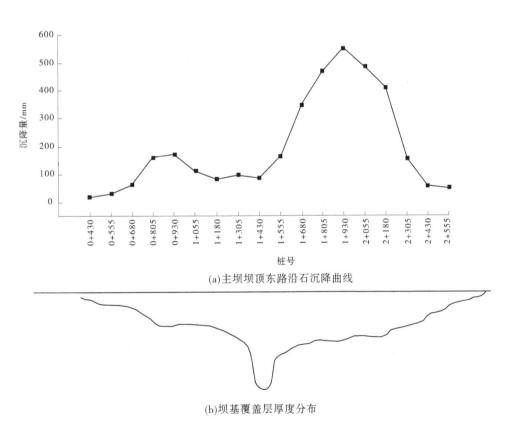

(a)主坝坝顶东路沿石沉降曲线

(b)坝基覆盖层厚度分布

图 2-7-2　坝顶纵断面累计沉降量分布

7.2.5　坝顶测点沉降率及相对沉降差分析

观测数据统计资料表明:凡竣工后坝顶沉降量为坝高的1%以下,一般没有裂缝;沉降量达坝高3%以上的,多数发生裂缝;当介于1%~3%时,有的坝发生裂缝,有的坝没有裂缝。另外,当相邻两测点相对沉降差大于1%时,也可能产生裂缝。桩号1+680~2+180沉降率均大于1,最大值为1.85,相对沉降差均小于1,而其余点的沉降率及相对沉降差都远低于1%,沉降率平均为0.762%,相对沉降差平均为0.059。由以上情况初步推断,桩号1+680~2+180坝段可能产生裂缝,由于沉降差较小,裂缝深度可能不大。

7.2.6　大坝变形特征

坝顶最大沉降量达551 mm,桩号1+680~2+180沉降率均大于1%,最大值为1.85%,初步推断,桩号1+680~2+180坝段可能产生裂缝,由于沉降差较小,裂缝深度可能不大。坝体后期沉降主要来自于淤泥,淤泥固结沉降慢,后期沉降较大,造成桩号1+680~2+180坝段坝顶高程低于设计高程,最大值为408 mm。坝均未发生水平位移。

7.3　大坝渗流分析

7.3.1　计算参数及断面选择

根据结构特征,大坝主要分以下3部分:

主坝桩号0+000~0+216.75、0+324.09~0+344.48、2+555~2+622.49坝段,副坝桩号0+200~0+430坝段为壤土心墙风化料砂壳坝,心墙均坐落在基岩上,并做防渗齿墙,坝基无松散覆盖层,坝基基岩透水性低,心墙基本由重壤土填筑而成,防渗形式及效果基本一致,因此取主坝桩号0+200断面为典型断面。

主坝桩号0+344.48~2+555坝段,坝体采用复合土工膜防渗,坝基采用搅拌桩连续墙防渗,由于坝基为多层结构,中间存在一层弱透水的淤泥、淤泥质黏土可作为相对隔水层,防渗墙底部伸入淤泥层,形成复合土工膜-防渗体-淤泥层的坝体防渗体系,该段坝体采用主坝1+400断面为典型断面。

副坝桩号0+430~1+425、1+530~2+000坝段坝体采用复合土工膜、坝基采用搅拌桩截渗墙防渗,防渗墙伸入基岩面。坝基为多层结构,含强透水的砂层和软塑的淤泥质黏土。副坝桩号0+000~0+200、1+425~1+530、2+000~2+027坝段,坝基岩面较高,采用复合土工膜埋入混凝土齿槽防渗,混凝土齿槽直接与基岩连接。因此,取副坝桩号1+000、1+600断面为典型断面。

因此,经综合分析,选择主坝桩号0+200、1+400和副坝桩号1+000、1+600 4个断面为典型断面进行稳定渗流计算分析。综合分析确定的大坝各部位计算参数见表2-7-1。

7.3.2　计算原理

目前有很多方法可以用来求解渗流问题,其中数值计算方法是应用相当广泛的一种方法,主要有有限差分法、有限单元法和边界元法等。有限单元法是古典变分法与分块多项式插值结合的产物,既吸收了有限差分法中离散处理的内核,又继承了变分计算中选择试探函数,并对区域进行积分的合理做法,充分考虑了单元对节点参数的贡献。可以很容易适用于复杂几何形状的边界、各向异性的渗透性,以及简单或复杂的分层问题处理,因此本次成果计算分析采用有限单元法。

表 2-7-1　大坝计算土工指标

断面桩号	部位	干密度 ρ_d/ (g/cm³)	湿密度 ρ/ (g/cm³)	饱和密度 ρ_{sat}/ (g/cm³)	三轴固结排水剪/ [kPa/(°)] c/φ	渗透系数/ (cm/s)
主坝 0+200	壤土心墙	1.70	1.97	2.06	24/16	1.5×10^{-6}
	风化料坝壳	1.73	1.81	2.08	3.3/32.6	1.1×10^{-3}
主坝 1+400	风化料坝体	1.73	1.81	2.08	3.3/32.6	1.1×10^{-3}
	②层砂	1.44	1.86	1.90	4/25.6	3.5×10^{-3}
	③层淤泥质土	1.17	1.54	1.74	14/3.4	8.5×10^{-6}
	③层以下松散层	15.80	20.00	20.00	0/34	8.8×10^{-3}
副坝 1+000	风化料坝体	1.72	1.80	2.07	3.3/32.0	1.56×10^{-3}
	坝基中细砂	1.54	1.90	1.96	11.0/22.6	1.9×10^{-6}
	坝基黏土	1.24	1.59	1.78	17.5/20.3	3.4×10^{-6}
副坝 1+600	风化料坝体	1.72	1.80	2.07	3.3/32.0	1.56×10^{-3}
	坝基中细砂	1.54	1.90	1.96	11.0/22.6	1.9×10^{-6}
复合土工膜		1.60	1.97	2.01		1.0×10^{-11}
搅拌桩防渗墙		1.60	2.00	2.01		1.0×10^{-6}
堆石体		1.80	1.85	2.1	0/45	1.0

计算程序采用的 SLOPE/W 是 GEO-SLOPE 公司研制的岩土分析软件中的一个计算渗流边坡稳定性的软件。渗流计算采用有限单元法,坝坡稳定计算程序以满足力矩平衡的瑞典条分法计算公式和考虑土条水平侧向力的简化毕肖普法计算公式为计算模型,逐一计算各土条中不同土质的抗滑力和滑动力,抗滑力总和与滑动力总和的比值即为稳定安全系数。程序通过变换圆心坐标位置和滑弧深度(或圆弧半径)自动寻找出最危险(安全系数最小)的滑弧。

7.3.3　计算条件

7.3.3.1　采用的坐标

在大坝渗流计算中,采用笛卡儿直角坐标系。大坝选择典型断面二维计算。以垂直于坝轴线的 0 m 高程水平线为 x 坐标轴,以过上游大坝迎水面坡脚的铅垂线为 y 轴。

7.3.3.2　单元网格划分与材料分布

计算区域的选择:坝体顶宽 6.0 m,坝底 0 m 高程线处宽度为 200 m,从该高程计算坝体高度 9 m。从坝体迎水面坝脚向上游延伸 100 m,从坝体背水面坝脚向下游延伸 100 m,从坝底 0 m 高程线处向地下延伸 30 m。

渗流计算中涉及 8 种材料,在模型中分别用不同的颜色表示,它们分别为:坝体填土(风化料)、复合渗透体、搅拌桩防渗墙、堆石体、坝基中细砂壤土、坝基淤泥层、坝基中粗砂、基岩。所谓复合渗透体,是指计算中将防护层和复合土工膜当成一个复合渗透体,用解析方法先计算出复合渗透体的渗透系数,再进行有限元网格剖分。

由于坝体结构中复合土工膜的厚度相比坝体很小,若对其进行单元划分,将导致当前计算机无法承受的计算量,同时由于各单元矩阵的主元相差很大,也容易导致有限元解的不稳定,因此计算中将护坡混凝土块、垫层、复合土工膜料当成一个复合渗透体,对复合渗透体整体进行单元划分。复合渗透体的渗透系数按照土力学中有关成层土竖直方向的渗透系数的计算公式 $k_y = \dfrac{H}{\dfrac{H_1}{k_1} + \dfrac{H_2}{k_2} + \dfrac{H_3}{k_3} + \cdots}$ 进行求取。根据设计说明书,土工膜厚度为 0.5 mm,渗透系数为 1×10^{-13} m/s,护坡及垫层厚 0.30 m,计算中复合渗透体的厚度取 0.5 m,经计算得复合渗透体的渗透系数为 1×10^{-10} m/s。

7.3.4　稳定渗流计算

渗流计算采用有限单元法,计算工况为上游兴利水位 6.10 m、设计洪水位($P=2\%$) 6.32 m 和校核洪水位($P=0.33\%$)7.17 m 3 种,下游水位平下游地面(主坝 1+400 断面下游水位为 1.9 m)。

4 个断面在 3 种工况下,通过计算得到每延米渗透流量,见表 2-7-2。

表 2-7-2　大坝渗流计算得到的渗透流量　　　　　单位:m³/(d·m)

工况	主坝 0+200	主坝 1+400	副坝 1+000	副坝 1+600
兴利水位 6.10 m	1.84×10^{-3}	7.2×10^{-2}	4.28×10^{-2}	5.53×10^{-4}
设计洪水位($P=2\%$)6.32 m	2.05×10^{-3}	7.6×10^{-2}	4.71×10^{-2}	6.60×10^{-4}
校核洪水位($P=0.33\%$)7.17 m	2.69×10^{-3}	8.8×10^{-2}	5.87×10^{-2}	9.7×10^{-4}

在兴利水位条件下,大坝每年渗漏量约 8.2 万 m³,占水库兴利库容的 0.11%,渗漏量较小,不会影响水库的正常蓄水。

7.3.5 渗透变形判断

7.3.5.1 反滤层判断

在建坝时,在坝体过渡地带均进行了过渡层和反滤层设计,但现状坝后坝脚没有设过渡层或反滤层,一旦坝后出逸点过高,容易产生出逸破坏。

7.3.5.2 砂性土的渗透变形类型

(1)砂性土的管涌和流土应根据土的细粒含量,采用下列方法判断:

管涌:
$$P_c < \frac{1}{4(1-n)} \times 100$$

流土:
$$P_c \geqslant \frac{1}{4(1-n)} \times 100$$

式中:P_c 为土的细粒颗粒含量,以质量百分率计(%);n 为土的孔隙率(%)。

(2)流土型渗透变形临界水力坡降采用下式计算:

$$J_{cr} = (G_s - 1)(1 - n)$$

式中:J_{cr} 为土的临界水力坡降;G_s 为土粒比重。

土的允许比降 $J_{允许} = 0.5 J_{cr}$。

(3)管涌型渗透变形临界水力坡降采用下式计算:

$$J_{cr} = 2.2(G_s - 1)(1 - n)^2 \frac{d_5}{d_{20}}$$

式中:d_5、d_{20} 分别为占总土重的5%和20%的土粒粒径,mm。

土的允许比降 $J_{允许} = 0.67 J_{cr}$。

坝体、坝基土料基本参数见表2-7-3;根据土料的基本参数判断的渗透变形类型及计算的临界水力坡降值见表2-7-4。

表 2-7-3 坝体、坝基土料基本参数

部位	不均匀系数 C_u	细颗粒含量 P_c/%	孔隙率/%	比重 G_s	d_5/mm	d_{10}/mm	d_{20}/mm
坝体	23.34	20	42.0	2.65	0.1	0.155	0.4
坝基细砂	11.6	70	45.0	2.67	0.002	0.01	0.026

表 2-7-4 渗透变形类型及水力坡降值

部位	渗透变形类型	临界水力坡降	允许水力坡降	水平段允许水力比降
坝体	管涌	0.52	0.35	0.1
坝基细砂	流土	0.82	0.41	0.1

7.3.5.3 黏土的渗透变形类型

部分为淤泥质黏土,渗透变形类型为流土,根据相关规范可知:下游有保护的情况下,黏土的允许水力比降为 4~5,渗流出口处无反滤层时的容许坡降经验值为 0.5~0.6。

7.3.5.4 渗透坡降计算

发生在 4 个断面坝体内的最大坡降和位置、出逸点的最大坡降和位置见表 2-7-5。

表 2-7-5　大坝渗透坡降计算结果

断面桩号	J_{max}				出逸点 J_{max}	
	坝体内		坝基			
	数值	位置	数值	位置	数值	位置
主坝 0+200	0.1	心墙底部	0.1	坝基基岩接触带	0.02	坝脚
主坝 1+400	0.01	坝体底部	0.1	坝基淤泥	0.1	坝脚
副坝 1+000	0.01	坝体底部	0.01	坝基砂内	0.02	坝脚
副坝 1+600	0.01	坝体底部	0.01	坝基砂内	0.02	坝脚

由以上计算结果可知:由于坝体防渗质量较好,坝后坡出逸点低,且渗透坡降小于允许水力比降,均不会发生渗透变形。

7.3.6　库水位骤降时渗流计算

计算工况有以下两种:

(1)溢洪闸自由泄流,由上游设计洪水位($P=2\%$)6.40 m 降至死水位 1.9 m。

(2)溢洪闸自由泄流,由上游校核洪水位($P=0.33\%$)7.23 m 降至死水位 1.9 m。

7.4　大坝边坡稳定分析

7.4.1　计算理论

边坡稳定计算采用 Bishop 分析方法。

Bishop 法是土坡稳定分析考虑土条间相互作用力的圆弧滑动分析法,1955 年由学者 Bishop 提出,此法是基于极限平衡原理,把滑裂土体当作刚体绕圆心旋转,并分条计算其滑动力与抗滑力,最后求出稳定安全系数,计算时考虑了土条之间的相互作用力,是一种改进的圆弧滑动法,Bishop 法的安全系数 F_s 为

$$F_s = \frac{\sum \frac{1}{m_{\theta i}} \left[c'_i b_i + (W_i - u_i b_i) \tan\varphi'_i \right]}{\sum W_i \sin\theta_i} \tag{2-7-1}$$

$$m_{\theta i} = \cos\theta_i + \frac{\sin\theta_i \cdot \tan\varphi'_i}{F_s} \tag{2-7-2}$$

式中：W_i 为第 i 个条块的重力；c'_i、φ'_i 为第 i 个条块的黏聚力和内摩擦角；b_i 为第 i 个条块的计算厚度；θ_i 为第 i 个条块底部的倾角；u_i 为第 i 个条块的孔隙水压力；$m_{\theta i}$ 为第 i 个条块的计算系数。

在实际应用中，常用孔隙水压力比 r_u 来反映孔隙水压力的影响，其定义如下（CraiR. F，1997）：

$$r_u = \frac{u}{\gamma \cdot h} \tag{2-7-3}$$

式中：u 为土坡断面中某一点的孔隙水压力；γ 为土的容重；h 为土条的高度。

一般来说，r_u 在整个土坡断面中不是常数，设计中常取其平均值进行计算。因此，式（2-7-1）可以写为

$$F_s = \frac{\sum \frac{1}{m_{\theta i}} \left[c'_i b_i \cos\theta_i + W_i (1 - r_u) \tan\varphi'_i \right]}{\sum W_i \sin\theta_i} \tag{2-7-4}$$

由于式（2-7-4）左右两边都含有安全系数 F_s 这个因子，所以在求解 F_s 时要进行迭代计算。在计算时，可先假定 F_s 的一个初值（一般假定 $F_s = 1$），求出 m_θ，再代入式（2-7-4）求出新的 F_s，如此反复迭代，直至假定的 F_s 和算出的 F_s 非常接近。

7.4.2 计算条件

在大坝边坡稳定计算中，采用有效应力分析法，即以相同工况时的渗流分析结果为基础，调入渗流分析所得到的浸润线，各种材料在浸润线以下用有效力学参数，浸润线以上用天然力学参数。根据地层结构，选择主坝桩号 0+200、1+400 和副坝桩号 1+000、1+600 4 个断面为典型断面进行二维稳定计算。坐标系同渗流计算模型。

7.4.3 坝坡静力稳定计算与分析

7.4.3.1 稳定渗流期的上、下游坝坡稳定计算

对主坝桩号 0+200、1+400 和副坝桩号 1+000、1+600 4 个断面在现状正常蓄水位 2.5 m、设计洪水位（$P = 2\%$）4.43 m 和校核洪水位（$P = 0.33\%$）5.61 m 3 种工况时的上、下游坝坡稳定用简化毕肖普法进行了计算，计算得到的各工况下最小抗滑稳定安全系数见表 2-7-6。

由相关规范可知：2 级建筑物正常运用条件下，简化毕肖普法计算坝坡抗滑稳定最小

安全系数为 1.35;非常运用条件下,简化毕肖普法计算坝坡抗滑稳定最小安全系数为 1.25。从表 2-7-6 中可以看出:4 个断面在正常运用和非常运用情况下,计算的上、下游坝坡最小安全系数均大于规范值,因此上、下游坝坡不存在滑坡隐患。

表 2-7-6　静水位条件下坝坡最小抗滑稳定安全系数

断面桩号	计算工况	简化毕肖普法		
		上游坡	下游坡	规范值
主坝 0+200	正常蓄水位 2.5 m	1.587	1.724	1.35
	设计洪水位($P=2\%$)	1.625	1.723	
	校核洪水位($P=0.33\%$)	1.706	1.722	1.25
主坝 1+400	正常蓄水位 2.5 m	2.015	1.544	1.35
	设计洪水位($P=2\%$)	2.113	1.544	
	校核洪水位($P=0.33\%$)	2.127	1.544	1.25
副坝 1+000	正常蓄水位 2.5 m	1.817	1.753	1.35
	设计洪水位($P=2\%$)	1.873	1.753	
	校核洪水位($P=0.33\%$)	2.033	1.753	1.25
副坝 1+600	正常蓄水位 2.5 m	1.795	1.962	1.35
	设计洪水位($P=2\%$)	1.877	1.962	
	校核洪水位($P=0.33\%$)	2.012	1.962	1.25

4 个断面在兴利水位时的最危险滑弧位置见图 2-7-3。

7.4.3.2　水库水位降落期的上游坝坡稳定计算

计算工况有以下两种:

(1)上游设计洪水位($P=2\%$)4.43 m 自由泄流降至坝后正常水位 1.90 m。

(2)上游校核洪水位($P=0.33\%$)5.61 m 自由泄流降至坝后正常水位 1.90 m。

4 个断面在以上 2 种水位骤降工况下,用简化毕肖普法计算的上游坝坡最小抗滑稳定安全系数见表 2-7-7。由表 2-7-7 可知:用简化毕肖普法计算出的 4 个断面在骤降工况情况下上游坝坡最小抗滑稳定安全系数均满足规范值。4 个断面由校核洪水位($P=0.33\%$)自由泄流降至坝后正常水位 1.90 m 时的最危险滑弧圆心位置和滑弧半径见图 2-7-4。

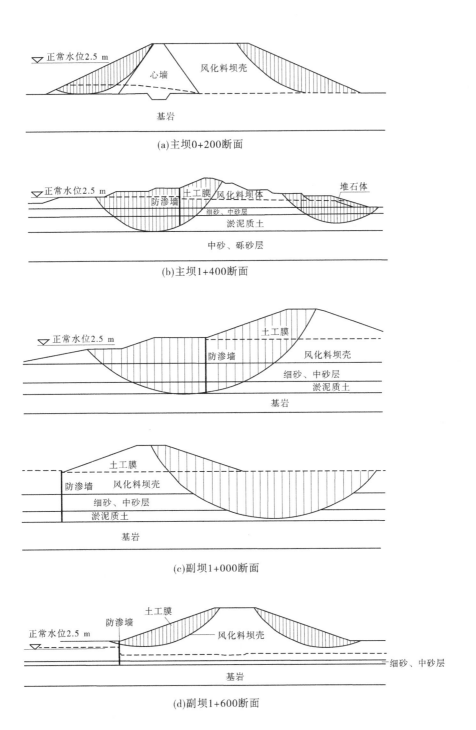

(a)主坝0+200断面

(b)主坝1+400断面

(c)副坝1+000断面

(d)副坝1+600断面

图 2-7-3　兴利水位时的上、下游坝坡最危险滑弧位置

表 2-7-7　水位骤降时的上游坝坡最小抗滑稳定安全系数

桩号	水位	工况	
		降至 1.90 m 高程	规范规定值
主坝 0+200	设计洪水位(P=2%)	1.562	1.35
	校核洪水位(P=0.33%)	1.528	1.25
主坝 1+400	设计洪水位(P=2%)	1.864	1.35
	校核洪水位(P=0.33%)	1.822	1.25
副坝 1+000	设计洪水位(P=2%)	1.694	1.35
	校核洪水位(P=0.33%)	1.669	1.25
副坝 1+600	设计洪水位(P=2%)	1.673	1.35
	校核洪水位(P=0.33%)	1.648	1.25

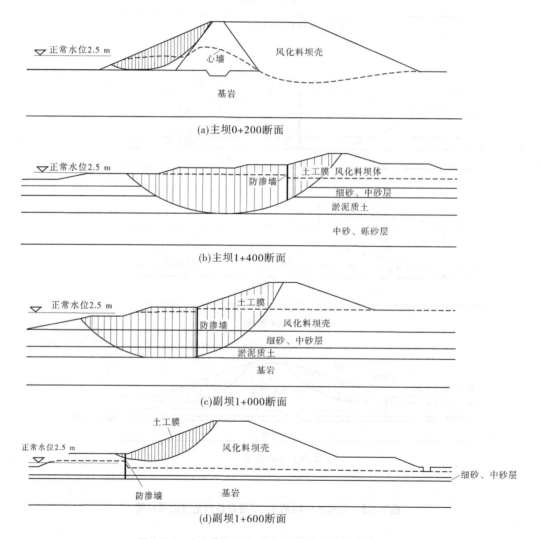

(a)主坝0+200断面

(b)主坝1+400断面

(c)副坝1+000断面

(d)副坝1+600断面

图 2-7-4　水位骤降时上游坝坡的最不利滑动面位置

7.5　土工布防渗体的稳定分析

由于该坝为混凝土板护坡,表面虽设有排水孔等设施,在水位降落时,护坡后排水存在不能及时排出的可能,因此对护坡按土工膜防渗体的稳定性进行分析。当水位骤降时,应校核防护层(连同上垫层)与土工膜之间的抗滑稳定性,计算方法采用极限平衡法。该工程防护层为现浇混凝土护坡,厚20 cm,下为垫层和土工布,为考虑护坡的安全性,按土工膜上防护层不透水计算,即降前水位以上防护层采用湿容重,计算滑动力时,降前水位与降后水位之间用饱和容重,降后水位以下用浮容重,计算抗滑力时,降前水位以下一律用浮容重。

安全系数 F_s 按式(2-7-5)进行计算。

$$F_s = \frac{\gamma'}{\gamma_{sat}} \frac{\tan\delta}{\tan\alpha} \tag{2-7-5}$$

式中:γ_{sat}、γ' 为防护层的饱和容重和浮容重,kN/m^3,分别采用 25 kN/m、15 kN/m;δ 为防护层与土工膜之间的摩擦角;α 为土工膜铺设坡角。

考虑分区进行计算,其安全系数 $F_s = 0.70 < 1.0$。直接按《平原水库工程设计规范》(DB37/T 1342—2021)中公式进行计算,其安全系数 $F_s = 0.64 < 1.0$。

两种方法的计算结果均表明土工布防护层自身不满足稳定要求,因此必须在护坡底部做阻滑体,以提高上游护坡的自身稳定性,该坝在护坡拐角点均做了50 cm×50 cm的混凝土齿墙,能够满足要求。

7.6　大坝渗流稳定安全评估

(1)上游护坡厚度满足设计要求,但护坡石没有受到冻融和剥蚀的考验,同时护坡局部已经存在剥蚀现象,护坡的抗冻融和剥蚀能力不能满足设计要求,反滤层符合设计要求。

(2)测压管水位均明显低于库水位,说明坝体防渗效果较好。但主坝测压管保护较好,大部分正常使用;副坝测压管多数报废或堵塞,无法使用。

(3)主坝坝顶最大沉降量达 551 mm,桩号 1+680~2+180 沉降率均大于1,最大值为1.85,初步推断,桩号 1+680~2+180 坝段可能产生裂缝,由于沉降差较小,裂缝深度可能不大。主、副坝后期沉降主要来自于淤泥,由于淤泥固结沉降慢,后期沉降较大,造成桩号 1+680~2+180 坝段坝顶高程低于设计高程,最大值为 408 mm。主、副坝均未发生水平位移。

(4)渗流计算结果表明:坝体防渗效果较好,渗流量较小,坝后坡出逸点低,且渗透坡降小于允许水力比降,均不会发生渗透变形。

(5)稳定计算结果表明:大坝在稳定静水位和骤降水位工况下,简化毕肖普法计算出的上、下游坝坡最小安全系数均大于规范值。

8　溢洪道安全分析与评价

8.1　溢洪道过流能力复核

8.1.1　计算原理

8.1.1.1　水面线推求

根据能量守恒原理,采用《水力计算手册》中相关公式自入海口向上游逐断面推算:

$$Z_2 + \frac{\alpha_2 v_2^2}{2g} = Z_1 + h_{\mathrm{f}} + h_{\mathrm{j}} + \frac{\alpha_1 v_1^2}{2g} \tag{2-8-1}$$

$$h_{\mathrm{f}} = \bar{J}L \tag{2-8-2}$$

式中:Z_1 为下游断面水位高程,m;Z_2 为上游断面水位高程,m;h_{f} 为两断面间的沿程水头损失,m;h_{j} 为两断面间的局部水头损失,m;α_1、α_2 为上、下游动能修改系数,取 1.0;v_1、v_2 为上、下游断面平均流速,m/s;$\bar{J}$ 为计算河段的平均水力坡降;L 为计算河段长度,m。

$$\xi = \left(1 - \frac{A_1}{A}\right)^2 \tag{2-8-3}$$

局部损失主要考虑水流由海漫进入抛石防冲槽,过水断面突然扩大引起。取局部水头损失系数为 0.3。

8.1.1.2　水闸泄量计算

溢洪闸泄量关系计算为无控制宽顶堰泄量计算。水闸为无控制宽顶堰,过闸流量按堰流公式进行计算,见式(2-8-4)。

$$Q = B_0 \sigma \varepsilon m \sqrt{2g} H_0^{1.5} \tag{2-8-4}$$

式中:Q 为过闸总流量,m³/s;B_0 为闸孔总净宽,取 $B_0 = 60$ m;σ 为堰流淹没系数;H_0 为不计入行近流速水头的堰上水深,m;m 为堰流流量系数,取 $m = 0.385$;ε 为堰流侧收缩系数,可按下式进行计算:

$$\varepsilon = \frac{\varepsilon_{\mathrm{z}}(N-1) + \varepsilon_{\mathrm{b}}}{N} \tag{2-8-5}$$

$$\varepsilon_{\mathrm{z}} = 1 - 0.171\left(1 - \frac{b_0}{b_0 + d_{\mathrm{z}}}\right)\sqrt[4]{\frac{b_0}{b_0 + d_{\mathrm{z}}}} \tag{2-8-6}$$

$$\varepsilon_{\mathrm{b}} = 1 - 0.171\left(1 - \frac{b_0}{b_0 + \dfrac{d_{\mathrm{z}}}{2} + b_{\mathrm{b}}}\right)\sqrt[4]{\frac{b_0}{b_0 + \dfrac{d_{\mathrm{z}}}{2} + b_{\mathrm{b}}}} \tag{2-8-7}$$

式中：b_0 为闸孔净宽，取 $b_0 = 10$ m；N 为闸孔数，取 $N = 6$；ε_z 为中闸孔侧收缩系数；d_z 为中闸墩厚度，取 $d = 1.3$ m；ε_b 为边闸孔侧收缩系数；b_b 为边闸墩顺水流向边缘线至上游河道水边线之间的距离，m。

当 $h_s/H_0 \geq 0.9$ 时，堰流为高淹没度出流。采用高淹没度过闸流量公式进行计算：

$$Q = B_0 \mu_0 h_s \sqrt{2g(H_0 - h_s)} \tag{2-8-8}$$

式中：Q 为过闸总流量，m^3/s；B_0 为闸孔总净宽，取 $B_0 = 60$ m；μ_0 为淹没堰流的综合流量系数；H_0 为不计入行近流速水头的堰上水深，m；h_s 为下游水深，m。

8.1.2 水面线推求

闸后泄槽长 98.3 m，底坡为平坡，底高程为 -0.1 m，已不符合 $2.5H < \delta < 10H$ 的宽顶堰要求，闸后按明渠进行复核计算。溢洪道抛石海漫后为海滩，水面开阔，且由于长期冲刷，抛石尾部浆砌石坎后明显低洼，因此可把抛石防冲槽尾部作为跌坎或断面剧变段作为控制断面进行水面线推求。

根据威海市多年实测潮位统计资料，平均最高潮位为 1.9 m。

当抛石防冲槽尾部临界水深低于下游水位 1.9 m 时，按正常水流进行计算；当临界水深高于下游水位 1.9 m 时，取该处临界水深进行水面线推求。采用 Excel 计算表格，经迭代计算，当流量为 727 m^3/s 时，该处临界水深为 2.0 m。经计算，不同流量下的水面线见表 2-8-1。（迭代误差小于 0.000 1。）

表 2-8-1 不同流量下的水面线计算成果（潮位 1.9 m）

流量/ (m^3/s)	水面线/m						
	0+098.3	0+068.3	0+055.3	0+042.3	0+029.3	0+005.5 闸室下游边	0+000 闸门槽
100	1.900	1.922	1.923	1.924	1.926	1.930	1.931
300	1.900	2.054	2.080	2.097	2.113	2.141	2.147
500	1.900	2.248	2.277	2.305	2.372	2.473	2.506
700	1.9	2.491	2.572	2.653	2.800	2.848	2.893
900	2.42	3.081	3.136	3.206	3.267	3.305	3.385
1 100	2.76	3.421	3.447	3.497	3.579	3.703	3.728
1 300	3.076	3.628	3.682	3.810	3.909	4.053	4.081
1 500	3.383	3.948	3.975	4.129	4.241	4.399	4.430
1 700	3.675	4.216	4.265	4.414	4.544	4.720	4.754
1 900	3.954	4.592	4.702	4.756	4.850	5.040	5.076
2 100	4.222	4.775	4.820	4.995	5.151	5.352	5.390

8.1.3　水闸泄流能力计算

水闸泄流能力复核计算工况为闸门敞泄。已知闸后水位,采用相关公式进行试算,得到不同流量下的上下游水位,计算结果见表 2-8-2。

表 2-8-2　库水位与泄量关系成果

流量/(m³/s)	下游水位/m	上游水位/m	h_s/H
100	1.930	1.969	0.980
300	2.141	2.377	0.900
500	2.493	3.035	0.821
700	2.818	3.699	0.762
900	3.365	4.381	0.768
1 100	3.703	4.981	0.743
1 300	4.053	5.559	0.729
1 500	4.399	6.114	0.719
1 700	4.720	6.645	0.710
1 900	5.040	7.158	0.704
2 100	5.352	7.654	0.699

经内插计算,八河水库库水位与溢洪闸泄流关系见表 2-8-3、图 2-8-1。

表 2-8-3　八河水库库水位与溢洪闸泄流关系

水位/m	库容/万 m³	水面面积/km²	溢洪道泄量/(m³/s) 初步设计成果	复核成果
-0.4	0	0		
0	22.0	0.3		
0.5	114.3	3.32		
1	360.0	6.33		
1.5	742.0	9		
1.9	1 145.0	10.84	0	0
2	1 294.0	11.28	304.06	115.20
3	2 543.0	13.85	545.35	489.36
4	4 114.0	15.92	829.49	788.27
5	5 913.0	17.89	1 150.77	1 100.00
6	8 025.0	21.79	1 505.32	1 458.92
7	10 325.0	25.68	1 890.26	1 838.40
8	12 903.0	28.93	2 303.36	2 269.37

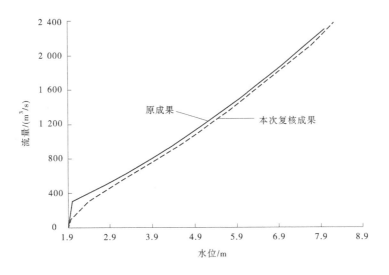

图 2-8-1 八河水库库水位与溢洪闸泄量关系

该闸闸室结构为开敞式,孔数为 6 孔,单孔高 9.1 m、宽 10 m,过流净宽 66.5 m。

根据不同的洪水频率和堰上水头,计算出的溢洪道泄洪能力复核成果见表 2-8-4。由计算结果可知,溢洪闸过流能力满足要求。

表 2-8-4 溢洪道泄洪能力复核成果

洪水频率 $P/\%$	库水位/m	堰上水头/m	$Q/(\mathrm{m^3/s})$
2	6.40	6.414	1 613
0.33	7.23	7.254	1 939

溢洪闸在设计工况及校核工况下的水闸泄量满足要求。

8.2 闸基渗透稳定计算

8.2.1 闸室防渗布置

八河水库溢洪闸闸室的地下轮廓的不透水部分由上游 26 m 长的钢筋混凝土铺盖和 49.8 m 长的钢筋混凝土底板组成,闸后设反滤排水设施。

8.2.2 计算工况

由八河水库溢洪闸控制运用指标可知,在校核水位时,上下游水位差最大,闸基发生渗透破坏的可能性最大,因此选用校核水位工况进行闸基渗透稳定计算复核。闸上游水位 7.23 m、下游水位 1.9 m。

八河水库溢洪闸控制运用指标见表 2-8-5。

表 2-8-5　八河水库溢洪闸控制运用指标

工程名称	底板高程/m	正常蓄水位		设计水位		校核水位	
		Z/m	V/万 m^3	Z/m	V/万 m^3	Z/m/	Q/(m^3/s)
溢洪闸	-0.1	6.10	8 250	6.36	8 560	7.23	1 939

8.2.3　闸基渗流计算

闸基渗流计算采用有限单元法。闸基渗流计算的主要结果是渗流等势线分布,据此可求出所需求的渗透坡降。

8.2.4　闸基抗渗稳定性分析

根据《水闸设计规范》(SL 265—2016),对于岩基及回填壤土,其水平段允许渗透坡降为 0.22~0.28,出口渗透坡降为 0.50~0.55。

根据渗流计算结果,水闸短时蓄水时的闸底水平渗透坡降为 0.135,出逸坡降为 0.19,均小于规范允许值,说明闸基在防渗、排水正常工作情况下,抗渗稳定满足规范要求。

8.3　过流能力及闸基抗渗稳定复核结论

八河水库溢洪闸过流能力汇总见表 2-8-6。

表 2-8-6　八河水库溢洪闸过流能力汇总

工况	最大泄量/(m^3/s)	结论
50 年一遇设计工况	1 613	满足要求
300 年一遇校核工况	1 939	满足要求

经复核计算:设计工况及校核工况下,水闸过流能力满足要求。闸基在防渗、排水正常工作情况下,抗渗稳定满足规范要求。

8.4　溢洪道抗冲能力复核

该闸设计消力池为 C30 钢筋混凝土结构,消力池底板厚 0.8 m、池深 1.3 m、池长 23.8 m。

消能复核采用《水闸设计规范》(SL 265—2016)孔口流量计算公式和消能计算公式。

8.5　溢洪闸稳定分析

荣成市八河水库溢洪闸闸室属于大底板结构,本次复核计算单元为两缝之间的闸室单元,混凝土与地基之间的抗滑摩擦系数根据本次地勘资料及《水闸设计规范》(SL 265—2016)取 f 值为 0.40。八河水库溢洪闸的死水位 1.90 m;正常蓄水位 6.10 m;设计水位 6.40 m,最大下泄流量 1 613 m³/s;校核水位 7.23 m,最大下泄流量 1 939 m³/s。

8.5.1　规范要求及计算公式

水闸受到自重、静水压力等荷载的作用,对地基会有相应的压力作用,当地基承受荷载过大,超过其容许承载力时,将使地基整体发生破坏。水闸在运行期间,受水平推力的作用,有可能沿地基面或深层滑动。因此,必须验算水闸在不同工作情况下的稳定性。对于八河水库溢洪闸,闸孔较多且设有沉降缝,中间单元所受静水压力等荷载最为复杂,故取闸室中间段的两缝之间的闸室单元进行验算。

根据《水闸设计规范》(SL 265—2016),闸室稳定应满足下列要求:

(1)在各种计算工况下,闸室平均基底应力 $\dfrac{P_{max}+P_{min}}{2}$ 不大于地基允许承载力 $[R]$,最大基底应力 P_{max} 不大于地基允许承载力 $[R]$ 的 1.2 倍。

(2)在各种计算工况下,闸室基底应力的最大值与最小值之比 P_{max}/P_{min} 不大于规定的容许值。

(3)沿闸室基底面的抗滑稳定安全系数大于规定的容许值。

基底应力、应力不均匀系数及抗滑稳定安全系数均根据《水闸设计规范》(SL 265—2016)计算。

8.5.2　基底应力

(1)当结构布置及受力情况对称时,按下式计算:

$$P_{\substack{max \\ min}} = \frac{\sum G}{A} \pm \frac{\sum M}{W} \tag{2-8-9}$$

式中: $P_{\substack{max \\ min}}$ 为闸室基底压力的最大值、最小值,kN/m²; $\sum G$ 为作用在闸室上的全部竖向荷载,kN; $\sum M$ 为作用在闸室上的全部竖向荷载和水平荷载对于基础底面垂直水流方向的形心轴的力矩,kN·m; A 为闸室基础底面面积,m²; W 为闸室基础底面对于垂直水流方向的形心轴的截面矩,m⁴。

(2)当结构布置及受力情况不对称时,按下式计算:

$$P_{\substack{max \\ min}} = \frac{\sum G}{A} \pm \frac{\sum M_x}{W_x} \pm \frac{\sum M_y}{W_y} \tag{2-8-10}$$

式中: $\sum M_x$、$\sum M_y$ 分别为作用在闸室上的全部竖向荷载和水平荷载对于基础底面形心轴 x、y 的力矩,kN·m; W_x、W_y 分别为闸室基础底面对于形心轴 x、y 的截面矩,m⁴。

8.5.3　应力不均匀系数

应力不均匀系数按下式计算：

$$\eta = \frac{P_{\max}}{P_{\min}} \tag{2-8-11}$$

《水闸设计规范》（SL 265—2016）中规定闸室基底应力不均匀系数允许值应符合表2-8-7规定。

表2-8-7　闸室基底面不均匀系数的允许值

地基土质	荷载组合	
	基本组合	特殊组合
松软	1.50	2.00
中等坚硬	2.00	2.50
坚硬	2.50	3.00

该闸基础为中等坚硬，根据表2-8-7，在基本组合时 $\eta = 2.00$，在特殊组合时 $\eta = 2.50$。

8.5.4　抗滑稳定安全系数

沿闸室基底面的抗滑稳定安全系数，应按下式计算：

$$K_c = \frac{f \sum G}{\sum H} \tag{2-8-12}$$

式中：K_c 为沿闸室基底面的抗滑稳定安全系数；f 为闸室基底面与地基之间的摩擦系数，取0.4；$\sum G$ 为作用在闸室上的全部竖向荷载，kN；$\sum H$ 为作用在闸室上的全部水平荷载，kN。

岩基上沿闸室基底面抗滑稳定安全系数的允许值见表2-8-8。

表2-8-8　岩基上沿闸室基底面抗滑稳定安全系数的允许值

荷载组合		水闸级别		
		1	2	3
基本组合		1.35	1.30	1.25
特殊组合	I	1.20	1.15	1.10
	II	1.10	1.05	1.05

注：1. 特殊组合 I 适用于施工情况、检修情况及校核洪水水位情况；

　　2. 特殊组合 II 适用于地震情况。

8.5.5　计算工况及荷载组合

8.5.5.1　计算工况

根据《水闸设计规范》（SL 265—2016）的规定，当地震烈度为Ⅵ度时，可不进行抗震计算。故本次复核只考虑以下工况：正常蓄水位工况、设计工况和校核工况。

8.5.5.2　荷载组合

荷载种类主要有水闸自重、水重、静水压力、扬压力等。

1. 自重

自重包括水闸结构及其上部填料和永久设备的自重。闸室的自重荷载包括闸底板、闸墩、闸顶板、闸门、机架桥、启闭机等的重量。

2. 水重

水重包括上下游的水重。

3. 静水压力

静水压力包括闸前、闸后水的重量及上下游的水推力。

4. 扬压力

相应于设计洪水位情况下的扬压力，扬压力包括浮托力和渗透压力。

8.5.6　闸室稳定计算

对基础底面垂直水流方向的形心轴取矩，垂直力向下为正，水平力向下为正。

本次闸室稳定计算，考虑正常蓄水位，闸门全部关闭，闸后水位为平均低潮位 0.55 m 时的工况条件。正常蓄水位工况荷载计算汇总见表 2-8-9。

表 2-8-9　正常蓄水位工况荷载计算汇总

荷载名称	垂直力/kN	水平力/kN	力臂/m	力矩/(kN·m)	
				逆时针方向	顺时针方向
中墩	5 581.60		0.33		1 841.93
底板	1 839.59		0		
检修桥	226.85		0.53	120.23	
机架桥	647.47		0.2	129.49	
启闭机及机墩	54.66		0.2	10.93	
闸门	191.93		0.05	9.6	
浮托力	−1 952.22		0		
渗透压力（垂直）	−993.05		1.83		1 817.28
渗透压力（上游水平）		384.43	2.07		795.77
渗透压力（下游水平）		−16.90	0.43	7.27	
上游水重	3 304.80		2.78	9 187.34	
下游水重	718.37		2.78		1 993.48
上游静水压力		1 883.56	2.07		3 898.97
下游静水压力		−82.81	0.43	35.61	
合计	9 620.00	2 168.28		9 500.47	10 347.43

总力矩：$M = 10\ 347.43 - 9\ 500.47 = 846.96(\text{kN} \cdot \text{m})$

应力计算：

$$P_{\max} = \frac{\sum G}{A} + \frac{\sum M}{W} = \frac{9\ 620.00}{124.8} + \frac{846.96}{1\ 364.88} = 77.70(\text{kPa})$$

$$P_{\min} = \frac{\sum G}{A} - \frac{\sum M}{W} = \frac{9\ 620.00}{124.8} - \frac{846.96}{1\ 364.88} = 76.46(\text{kPa})$$

平均应力：
$$\overline{P} = \frac{P_{\max} + P_{\min}}{2} = 77.08(\text{kPa})$$

应力不均匀系数：
$$\eta = \frac{P_{\max}}{P_{\min}} = 1.02 < 2.0$$

抗滑系数：
$$K_{c} = \frac{f \sum G}{\sum H} = 2.66 > 1.35$$

经计算，在正常蓄水位下闸室稳定满足要求。

8.5.7　闸室稳定复核结论

八河水库溢洪闸在实际工作过程中，正常蓄水位下闸门关闭蓄水，设计工况及校核工况下闸门开启泄水。因此，正常蓄水位工况为八河水库溢洪闸最不利工况。

稳定计算汇总见表 2-8-10。

表 2-8-10　稳定计算汇总

运行工况	抗滑系数	最小允许值	结论	应力不均匀系数	最大允许值	结论
正常工况	2.66	1.35	满足要求	1.02	2.0	满足要求

复核计算结果表明：

（1）在正常蓄水位、闸门关闭工况下，应力不均匀系数均小于规范允许值，满足《水闸设计规范》（SL 265—2016）的要求。

（2）在正常蓄水位、闸门关闭工况下，抗滑稳定性满足《水闸设计规范》（SL 265—2016）的要求。

8.6　水闸结构安全复核

8.6.1　闸底板内力复核

以闸门底槛为界分为上、下游段，分别对底板进行受力计算。水闸底板内力计算采用弹性地基梁法，顺水流方向取单位宽度板条进行内力计算和强度复核。

抗裂验算用如下公式计算：

$$M_1 \leq \gamma_{\text{m}} \alpha_{\text{ct}} f_{\text{tk}} W_0 \tag{2-8-13}$$

式中:M_1 为由荷载标准按荷载效应长期组合计算的弯矩值;γ_m 为截面抵抗矩塑性系数;α_{ct} 为混凝土拉应力限制系数;f_{tk} 为混凝土轴心抗拉强度标准值;W_0 为换算截面受拉边缘的弹性抵抗矩。

经计算,$\gamma_m \alpha_{ct} f_{tk} W_0 = 334.24$ kN·m,$M_1 = 304.7$ kN·m。结构抗力大于弯矩计算值,说明闸底板配筋满足抗裂要求。

闸底板位于露天环境,长期处于水下。根据《水工混凝土结构设计规范》(SL/T 191—2008),属于Ⅲ类环境,混凝土的抗压强度等级最低为 C25。底板的设计强度等级为 C30,因此底板混凝土强度等级满足耐久性要求。

8.6.2　闸墩复核

根据《水闸设计规范》(SL 265—2016)的要求,当水闸属于开敞式水闸时,平面闸门闸墩的应力分析可采用材料力学方法。八河水库溢洪闸工程是直升平卧式闸门,是平面闸门的一种,故该工程闸墩复核采用材料力学方法。

当闸门挡水时,中墩主要承受上游水压力、闸墩自重及上部结构重,此时应验算闸墩底部截面上下游端的应力是否在闸墩底材料的允许强度范围内。闸墩的应力计算视为固接于闸底板的悬臂梁考虑,按材料力学偏心受压构件计算其接触正应力。荷载计算中的力矩均为各荷载对墩底截面垂直于水流方向形心轴的力矩。力矩以逆时针方向为"+",反之为"−"。水平力以向下游为"+",反之为"−";竖向力以竖直向下为"+",反之为"−"。

墩底正应力按下式计算:

$$\sigma = \frac{\sum G}{A} \pm \frac{\sum M}{J} \times \frac{L}{2} \qquad (2\text{-}8\text{-}14)$$

式中:$\sum G$ 为作用于中墩上的铅直力总和(包括中墩自身重力),kN;A 为中墩底面面积,m^2;$\sum M$ 为作用于中墩上的各个作用荷载对墩底截面垂直水流方向形心轴的力矩总和;J 为墩底截面对垂直水流方向形心轴的惯性,m^4;L 为闸墩长度,m。

$$J = \frac{d \cdot (0.98L)^3}{12} \qquad (2\text{-}8\text{-}15)$$

式中:d 为墩头直径,m;L 为闸墩长度,m。

经强度复核:闸墩混凝土强度满足要求;钢筋配筋率满足要求;闸墩混凝土强度等级满足耐久性要求。

8.6.3　交通桥复核

八河水库溢洪闸的下游设置交通桥。交通桥桥面高程 9.0 m,桥面净宽为 2 m×9.555 m,桥面板为 T 梁结构,中跨 T 梁长度 11.26 m,边跨 T 梁长度 11.11 m,基础采用桩基,桩基直径 1.2 m,桩底高程−11.2 m。

该交通桥由山东省水利勘测设计院设计,施工单位为山东省水利工程局,2006 年施工并进行了竣工验收。本工程套用《公路桥涵标准图》(JG/GQB 016-73)进行设计,交通桥公路等级为三级公路,对应的荷载标准为汽−20,挂−100。设计和施工符合公路规范的规定,其强度、结构及耐久性符合规范要求。同时,该闸运行未满 10 年,设计、施工及验收资料齐全,现场检测没有发现影响工程正常运行的安全隐患,该桥能够满足要求。

8.6.4　机架桥复核

八河水库溢洪闸的上游侧设置机架桥。机架桥高程为 17.40 m,桥面宽度为 6.45 m,桥的结构为装配式简支梁桥。主梁钢筋混凝土为 C30,钢筋均为 HRB335,二级钢筋。

机架桥面上布置了启闭机、油泵室,受力复杂,T 形主梁受力差别很大,故机架桥上的 T 梁配置了 A、B、C、D 4 种规格。A 型 T 梁位于中跨上下游端;B 型 T 梁位于中跨中间,B 型 T 梁由于需要承受启门力及起门机墩的压力,所以配筋要求最高;C 型 T 梁位于边跨上下游端,D 型 T 梁位于边跨中间。B 型配筋形式与 A、C、D 三种梁有明显不同。此处仅复核结构较为复杂、配筋要求较高的 B 型 T 梁。

经计算得出结论,机架桥主梁的配筋满足强度要求;机架桥柱满足强度要求;机架桥面板混凝土强度等级满足耐久性要求。

8.7　溢洪闸稳定复核结论

由以上复核计算分析,得到以下主要结论:

(1)经复核计算,八河水库溢洪闸在设计工况、校核工况条件下,水闸过流能力满足要求。

(2)根据消能防冲复核结果,消力池底板长度、厚度满足《水闸设计规范》(SL 265—2016)的要求。

(3)在正常蓄水位工况下,应力不均匀系数均小于规范允许值,满足《水闸设计规范》(SL 265—2016)的要求;在正常蓄水位、闸门关闭情况下,抗滑稳定性满足《水闸设计规范》(SL 265—2016)的要求。

(4)中墩、边墩底板的配筋满足强度要求,闸底板配筋满足抗裂要求,上下游翼墙的稳定满足规范要求。

(5)根据《水闸设计规范》(SL 265—2016)的要求,经过复核计算,中墩底部截面上下游端的应力在闸墩底材料的允许强度范围内,满足要求;根据《水工混凝土结构设计规范》(SL/T 191—2008),中墩、边墩受拉钢筋的配筋率满足要求,受压钢筋的配筋率满足要求;闸墩混凝土强度等级满足《水工混凝土结构设计规范》(SL/T 191—2008)中耐久性要求。

(6)交通桥强度及变形满足规范要求。

(7)八河水库溢洪闸机架桥配筋满足强度要求,机架桥排架配筋满足要求。

(8)闸室底板、闸墩、交通桥的主梁、桥面板以及机架桥主梁、桥面板的混凝土强度等级满足耐久性要求。

9 大坝安全鉴定结论

本次大坝安全鉴定,对八河水库扩建工程以来多年的运行状况进行了分析,对工程各个部位进行了全面的现场检查,选择大坝典型断面进行了勘察,对建筑物的老化病害进行了全面的检测评估,对洪水进行了多种方法的分析计算。在此基础上,进行了洪水复核以及大坝和溢洪道的安全复核,结论如下:

(1)水库防洪能力满足规范要求。八河水库防洪标准为50年一遇洪水设计,300年一遇洪水校核,本次洪水复核核算坝顶高程为9.0 m,防浪墙顶高程为10.20 m。水库现状主坝坝顶最低顶高程8.592 m,防浪墙最低顶高程10.055 m;副坝坝顶最低顶高程8.667 m,防浪墙最低顶高程10.258 m,且防浪墙与防渗体紧密接合。因此,水库现状防洪能力达到300年一遇洪水标准,满足规范要求。

(2)据《中国地震动参数区划图》(GB 18306—2015),八河水库场区地震动峰值加速度0.05g,相应地震基本烈度为Ⅵ度。场地土的类型为中软场地土,场地类别为Ⅳ类。

(3)主坝沉陷量过大。主坝坝顶最大沉降量达551 mm,桩号1+680~2+180沉降率均大于1,最大值为1.85,经实测坝顶没有发现裂缝,且坝顶年沉陷量逐渐减少,现状趋于稳定。

(4)主、副坝后期沉降主要来自于坝基淤泥,由于淤泥固结沉降慢(老坝坝体预压20年未固结完成也验证了该结论),后期沉降较大,造成现状坝顶高程低于设计高程,最大值为408 mm。主要原因为施工期沉降量按最终沉降量的80%计算,主坝坝顶设计预留高度为200 mm,上游戗台预留高度为150 mm,后期沉降量预留值偏小。

(5)主坝坝体工程质量合格。主坝坝体填土主要为全风化的花岗岩、片麻岩风化料,标贯击数为20~38击,相对密度为0.70~0.86,为中密~密实状态。其渗透系数为2.70×10^{-4}~1.17×10^{-3} cm/s,为中等透水性。坝体、复合土工膜、防渗体、淤泥质土形成了完整防渗体系。水库运行近十年,未出现异常渗漏现象。坝体稳定、渗流计算结果表明:坝体防渗效果较好,渗流量较小,坝后坡出逸点低,且渗透坡降小于允许水力比降,不会发生渗透变形;大坝在稳定静水位和骤降水位工况下,简化毕肖普法计算出的上下游坝坡最小安全系数均大于规范值。

(6)副坝坝体工程质量优良。副坝坝体标贯击数为20~36击,相对密度为0.72~0.82,平均值为0.76,为中密~密实状态。其渗透系数为4.9×10^{-4}~1.56×10^{-3} cm/s,为中等透水性。坝体、复合土工膜、防渗体、坝基基岩形成了完整的防渗体系。坝体稳定、渗流计算结果表明:坝体防渗效果较好,渗流量较小,坝后坡出逸点低,且渗透坡降小于允许水力比降,不会发生渗透变形;大坝在稳定静水位和骤降水位工况下,简化毕肖普法计算出的上下游坝坡最小安全系数均大于规范值。

(7)上下游护坡基本满足规范要求。上游护坡分两部分:主坝2.8 m、副坝2.0 m高程以上上游护坡为 C20 现浇混凝土板护坡,下部为抛石护坡。护坡表面整体平整,没有破损、断块,未发现填缝材料的出露,排水孔为无砂混凝土块,透水性较好,但护坡抗剥蚀、冻融能力差,局部存在混凝土板表面剥蚀现象,剥蚀厚度在 1.0 cm 左右;副坝护坡剥蚀区在水位变动带附近,并且护坡局部塌陷,存在护坡与坝体脱离现象。护坡下反滤层符合设计要求。

(8)防浪墙基本符合规范要求。防浪墙为钢筋混凝土结构,强度满足设计要求,墙体顺直完整,不存在明显倾斜和弯曲变形,墙基础与防渗体进行了有效连接。但在主坝桩号 1+800 附近,由于坝体不均匀沉陷,墙体明显存在下沉,并有墙体断裂产生裂缝,且局部存在架空现象。

(9)在八河水库安全鉴定期间,建设单位对防浪墙进行了维修,充填了裂缝、脱空等部位,较低处进行了修补,并重新进行了表面粉刷,经维修后的防浪墙质量满足设计和规范要求。

(10)主、副坝坝基地质条件较差。主坝坝基普遍存在淤泥、淤泥质粉细砂,沉降时间长,结构松,土质软。上部淤泥层厚度 3.4~10.20 m,分布稳定,渗透系数为 $3.33×10^{-7}$ cm/s,在筑坝时作为相对隔水层。其下为中粗砂、砾砂等强透水地层,但对坝基渗漏不起控制作用。主坝桩号 0+335.6~0+715.8 坝段基岩进行了帷幕灌浆,透水性小于 1 Lu;主坝桩号 0+000~0+344.482、2+555~2+622.495 坝段壤土心墙直接与基岩接触,并在基岩内做截水槽,基岩为弱透水岩石;桩号 0+335.592~2+565 坝段坝基采用搅拌桩防渗墙,墙底高程-9.5~-5.0 m,渗透系数达到 $1.0×10^{-8}$ cm/s。副坝桩号 0+000~0+200、1+425~1+530、2+000~2+027 坝段,坝基岩面较高,采用复合土工膜埋入混凝土齿槽防渗,混凝土齿槽直接与基岩连接,副坝桩号 0+200~0+430 坝段为黏土心墙防渗;其余坝段采用坝体复合土工膜与搅拌桩截渗墙防渗,墙底高程为基岩面,最大深度为 10 m。经检测和安全复核可知:坝基沉陷基本稳定,土工膜、防渗体和坝基淤泥层形成了完整的防渗体系,防渗效果较好,不存在异常渗漏现象,现状工程防渗措施能够满足规范要求。

(11)溢洪道(闸)工程质量优良。溢洪闸外观质量较好,除闸墩、翼墙底部存在轻微冻融剥蚀现象外,不存在明显的混凝土破损、顺筋裂缝等损坏现象,闸室未发生明显异常沉降、滑移等情况,闸基无渗流异常或过闸水流流态异常现象。

(12)在设计条件下,水闸过流能力满足要求。闸基在防渗、排水正常工作情况下,抗渗稳定满足规范要求。现状水闸下游消能设施满足要求。在正常蓄水位、设计洪水位和校核洪水位 3 种工况下,应力不均匀系数均小于规范允许值;抗滑稳定性满足规范要求。闸墩底板的配筋满足强度、抗裂要求;交通桥强度及变形满足规范要求。机架桥排架配筋满足要求;闸室底板、闸墩以及机架桥耐久性满足规范要求;启闭机房墙体完好,满足水闸正常安全运行要求;扬压力、渗流、变形等观测设施基本满足水闸运行管理要求。

(13)溢洪闸闸基岩面较高,闸基将全风化岩层全部清除,M10 浆砌块石回填至闸基设计高程。铺盖及海漫基础将基础软弱层全部清除,夯实壤土回填至设计高程,控制室基础顶面至闸室边墩底面填土为水泥土,水泥含量为 10%。上游岩基并进行了帷幕灌浆,现状溢洪闸不存在变形和渗漏问题。

（14）八河水库管理机构和运行管理制度健全，防洪调度权限、职责分明，防汛按照审定的调度方案合理调度运用，水文测报及通信设施完备；日常检查和维修养护工作按规定要求开展；工程安全监测设施基本完备，经维修后的测压管能够正常运行，并定期进行了观测和资料整理；现状防汛道路、水库管理设施基本满足要求。综合评价大坝运行管理为"较好"。

综上所述，八河水库防洪能力满足设计要求，枢纽工程质量合格，不存在影响工程安全的病害，主要问题包括大坝及溢洪道个别观测设施失效、主坝坝基存在较厚淤泥质黏土，坝基淤泥固结困难，坝体沉陷超出设计预留范围，其他实际施工质量均达到规定要求；大坝运行管理较好，渗流及稳定总体上处于正常状态，金属结构及电气满足运行要求。

因此，根据《水库大坝安全评价导则》（SL 258—2017）及有关现行规范，八河水库安全级别为"B 级"，综合评价为"二类"。

参考文献

［1］中华人民共和国水利部.水库大坝安全评价导则:SL/T 258—2017［S］.北京:中国水利水电出版社,2000.

［2］刘宁.21世纪中国水坝安全管理、退役与建设的若干问题［J］.中国水利,2004(23):27-30,5.

［3］姚润丰.全国6座中小型水库垮坝,敲响水库安全度汛警钟［N］.新华每日电讯,2007-07-20(001).

［4］胡明思,骆承政.中国历史大洪水［M］.北京:中国书店,1989.

［5］杜雷功.全国病险水库除险加固专项规划综述［J］.水利水电工程设计,2003(3):1-5,64.

［6］汝乃华,牛运光.土石坝的事故统计和分析［J］.大坝与安全,2001(1):31-37.

［7］Powers T C. Structure and Physical Propeties of Hard-ened Portland Cement Paste［J］. J. Amer. Ceramic Soc,1958(41).

［8］刘崇熙,汪在芹.坝工混凝土耐久寿命的现状和问题［J］.长江科学院院报,2000(1):17-20.

［9］中国建筑科学研究院.混凝土结构设计规范:GB/T 50010—2010［S］.北京:中国建筑工业出版社,2011.

［10］王永,谭春,乐艳莉.地质雷达在安徽定远水库土坝隐患探测中的应用［J］.上海地质,2005(1):52-54.

［11］陈建生,董海洲,陈亮.采用环境同位素方法研究北江大堤石角段基岩渗漏通道［J］.水科学进展,2003,14(1):57-61.

［12］中华人民共和国水利部.碾压式土石坝设计规范:SL 274—2020［S］.北京:中国水利水电出版社,2021.

［13］李天科,刘斌,李君,等.土石坝老化评价方法研究［J］.中国农村水利水电,2007(4):100-102.

［14］谢定义,姚仰平,党发宁.高等土力学［M］.北京:高等教育出版社,2008.

［15］刘祚秋,周翠英,董立国,等.边坡稳定及加固分析的有限元强度折减法［J］.岩土力学,2005,26(4):558-561.

［16］张鲁渝,时卫民,郑颖人.平面应变条件下土坡稳定有限元分析［J］.岩土工程学报,2002,24(4):487-490.

［17］Dawson E M,Roth W H. Slope stability analysis by strength reduction［J］. Geotechnique,1999,49(6):835-840.

［18］谭晓慧,王建国,刘新荣,等.边坡稳定的有限元可靠度计算及敏感性分析［J］.岩石力学与工程学报,2007,26(1):115-122.

［19］党发宁,王晓章,郑忠安,等.有自由面渗流分析的变单元渗透系数法［J］.西北水力发电,2004,20(1):1-3.